未来请您多关照！

成长是件伟大的事

都文 著

江苏凤凰文艺出版社
JIANGSU PHOENIX LITERATURE AND ART PUBLISHING, LTD

图书在版编目（CIP）数据

未来请您多关照！/ 都文著. —南京：江苏凤凰文艺出版社，2017.6

ISBN 978-7-5594-0454-1

Ⅰ.①未… Ⅱ.①都… Ⅲ.①女性－成功心理－通俗读物 Ⅳ.①B848.4-49

中国版本图书馆CIP数据核字(2017)第114291号

书　　名	未来请您多关照！
著　　者	都　文
责任编辑	聂　斌　孙金荣
策划编辑	赵　娅
特约编辑	张凤莲
责任校对	郭慧红
封面设计	李修权
版面设计	李　亚
出版发行	江苏凤凰文艺出版社
出版社地址	南京市中央路165号，邮编：210009
出版社网址	http://www.jswenyi.com
印　　刷	三河市嵩川印刷有限公司
开　　本	880毫米×1230毫米 1/32
印　　张	8
字　　数	160千字
版　　次	2017年6月第1版 2017年6月第1次印刷
标准书号	ISBN 978-7-5594-0454-1
定　　价	38.00元

谨以此书献给“老虎”和“茉莉”，

感激你们降临人间，与我为伴，

唯愿你们兄妹此生平安。

目录
CONTENTS

PART 1

孩子，要你是我最重要的决定

PART 2

一边繁花相伴，一边坎坷同行

PART 3

小身体，大能量

PART 4

成长之路从幼儿园开始

PART 5

两宝的战争

PART 6

快乐的早教

PART 7

不负青春不负你

PART 8

老爸的责任与力量

PART 1

孩子，要你是我最重要的决定

仿佛小鱼吐泡巡游，仿佛蝴蝶轻抖翅膀，胎动初次到来的那一刻，便是幸福来敲门了。腹中的小家伙正摇摆着向你宣告："嘿！我说妈妈，请打起精神哦，我可是真的存在呢！"

胎动——有只蝴蝶在扇动翅膀

在商场四层等电梯，老虎盯着头顶的数字闪动，"叮"一声，电梯门开了。见里面没人，老虎快步走进去："妈妈，按 B1 吗？"

"嗯。"我开始在包里找车钥匙。

电梯间里只有我们两个，老虎看着电梯楼层数字自己嘟囔："妈妈，我都四岁了。1、2、3、4。"

"哦，是啊。"我低头继续翻着各个口袋，哗啦啦响。

电梯停在 B1，我抓起他的小手，径直走出来。

"妈妈，我 B1 的时候什么样？"老虎忽然抬起头问我。

"什么？"我这才意识到车钥匙原来一直拿在手上，这该死的猪脑子。

“B1！我 B1 的时候什么样？”老虎嘿嘿笑了。

“啊？哦……哈哈！”我回头看一眼电梯口，恍然大悟，原来他刚刚在给自己对号入座呢，“你是想知道自己在妈妈肚子里时什么样子对吧？”

“什么样？”老虎睫毛忽闪忽闪的，等着我的答复。

“B1 的时候……妈妈想想哈。”我牵起他的手，四下寻摸着自家车子，完全记不起该往哪个方向走。

时间回溯到四年前的某个下午，秋光清澈，凉意难遣，我在巴黎北站等着闺密六月乘坐的“欧洲之星”从伦敦驶来。孕期进入中段，体力尚好，身材已开始走样，我憋了一肚子的八卦和牢骚盼着与她相见。那时，六月刚入职伦敦的一家知名旅行社，工作内容之一就是在欧洲各国的著名景点实地考察，这趟来巴黎的公差对于曾经在法国生活了四年的她来说无异于带薪休假。

“我今晚领你去个好地方！正好你家老公不在。”寒暄过后，我觉出她眼色有变，浓密的睫毛眯成两扇蝶羽，颤颤打着扑棱。

“好地方？”我摸摸自己隆起的肚子，瞪出两眼好奇。增重了十几斤，胖到大罩衫下牛仔裤早已偷偷解开扣子的我，实在猜不出还有什么“好地方”可以去。

“看！”六月神秘兮兮地从口袋里抽出两张门票，“公司发的，疯马俱乐部，第一排钻石 VIP，火辣裸舞秀！”

“几点开场？还来得及吃晚饭吗？”我瞪圆眼睛，一把拽过门票，顿时觉得闺密之爱果然爱到了灵魂深处。

“啧啧，瞅你这点出息，眼里都冒出小蓝光了！你昨天电话里怎么说的来着，不是想吃我做的奶油蘑菇意面吗？咋忽然想起这口了，家里备料了吗？”六月半嗔半嗤，斜眼瞪着我。

“一直想着去买来着，怕接你来不及……”

“狗屁！编吧你就……还住在河边呢？”六月仍是一副侠女的神色和身骨，大披肩往背后一甩，四下看了看，拽起我手腕快步穿过了马路。

“嗯，还是那公寓。”

“那走吧，先去超市买东西，就你家楼下地铁口边上那个吧。”

“好好好，都听你的。”

进了家，她脱下外套系上围裙，转眼就忙开了。我靠着厨房的门，撕了包薯片，有一搭没一搭地陪她聊天。她说堂妹要结婚了，这两天得空要去选个首饰给她，小郎下月回国正好可以帮忙捎回去，又说起她表姐夫工作换到了三亚，表姐正张罗在那边买房子的事。我嗯嗯点头，不禁想起她学中医的表姐当年在我们寝室小住，挨个为我们把脉又算命的往事。表姐大我们七八岁，那会儿也不过二十六七，我们五个姑娘每人搬把小凳，围在表姐周围，都把细白的腕子伸到她跟前，等候命运的评点。当时觉得表姐的判词神乎其神，如今也都忘掉了，只记得她说自己的表妹六月就好像那金陵十二钗里的史湘云啊……

半个钟头的工夫，奶油蘑菇意面和火腿沙拉已摆在桌上了。

“赶紧吃吧，别给肚里的娃儿饿着了。”她摘掉围裙，也不急着吃，自己倒坐在沙发上和男友打起电话了，你侬我侬，熟稔的伦敦腔。我胃口大开，风卷残云，小伙伴里鲜有妙龄姑娘烧得这样一手好菜，我早说过，自己若是七尺男儿，铁定不放过她。

饭后，我换了身宽松的裙装，踩一双细跟短靴，配了套夸张的闪亮首饰，决定暂且忽略掉身怀六甲的事，轻盈一晚再说。七点一刻，来到疯马门口，尚未开始入场，六月站在离我八丈远的地方一边抽烟一边继续打电话给她男友。我乖乖在一旁等待，夜已黑，乔治五世大道现出冷艳高贵的本色来，不远处一对年轻情侣正靠在橱窗前旁若无人地拥吻，女孩儿踮着脚尖，醋栗红的平底芭蕾鞋好漂亮……

“走吧，咱们进去。”六月冲我招手，大烟熏，烈焰红唇，秋夜里的恨天高，闺密的那一弯侧影，直到今日我都记得。演出场地在一间地下室，有一段猩红的台阶要走，角度很陡，她怕我跌倒，紧紧挽着我的胳膊。“小心啊你，这要是摔一跤，小郎非把我宰了不可。”我嘿嘿笑着，仔细看着脚下。入口处两位西装笔挺的接待员冲我们热情而诡异地笑了笑，那笑容一望便知，在这声色犬马之地，我们必是被看作一对拉拉了。

尿频的孕妇急切寻觅着卫生间，西装男两步上前，主动引我们拐向一边，推开一扇门，请我们进去。我和六月走到门口不禁爆笑，好一个活色生香的双人卫生间，四面石榴红的印花墙壁，一地殷红的釉面砖，两个并排的马桶完全嵌入进宽大的石台中，只留两个珊瑚红的盖子在台面上。西装男冲我们眨眨眼，转身离开。关上卫生间的门，顿时觉得头顶的射灯也打得暧昧撩人。

“跟你来真是浪费了呀，啧啧。”六月从镜子里看我撩起裙子暴露出浑圆的大肚，无奈地摇摇头，“快去尿吧，孕妇大人。”

“唉，真是辜负了这情欲滚滚的设计啊，你也来尿吧我说。”我笨拙地坐到马桶圈上，好像一屁股坐在露天广场的台阶上，一时怎么也尿不出来。

六月一脸嫌弃地坐到我旁边的马桶上，两人面面相觑，近得简直可以行个法式亲吻礼。

尿还是不尿，也由不得自己。

“奇怪，怎么觉得肚子里好像有条小鱼在吐泡泡，怪痒痒的。”我一边洗手一边自言自语。

“吐什么泡泡，快走快走，音乐都响了。”

全场爆满，放眼一望，多是上了年纪的夫妇，中年男子占了一半，鲜有同龄的年轻人。场地很暗，六月总是担心我摔倒，一路挽着我的胳膊，我们就像两朵“恩爱”的奇葩，坐到了前排正中的圆桌两旁。

大幕升起，一列裸体舞娘在军乐声中踏上舞台，头戴法国高桶军帽，精神饱满，姑娘们各个身材颀长，肤色雪白，当真美得颠倒众生。不同于丽都的华美梦幻或是红磨坊的热烈奔放，这里是小场地小舞台，布景极简，配乐也不花哨，全凭舞者的表演功力。尺度虽大到惊人，却自成一套美学艺术，神秘，高贵，细腻，让黑暗中的男女观者似醉未醉，却绝不会产生半点低俗猥亵之感。

演出至中段，六月早已自在地喝起香槟，我碰不得酒精，只好安心欣赏美人的身姿。

“嘿哟！”我感觉肚子里咯噔一下，一种说不出来的感觉，又是一阵痒，“我怎么觉得肚子里好像有个蝴蝶在扇翅膀呢。”我凑到六月耳朵边。

“又饿了？孕妇真是烦啊。”她目不转睛地看着舞台，懒得理我。

忽然，我俩同时扭头对视，“是胎动？！”

我捂起已经张大的嘴巴，瞪圆双眼。六月一只手放在我的肚子上，“男孩儿！你肚里的宝宝肯定是男孩儿！”我不禁又望向舞台，千娇百媚的舞娘正一丝不挂地腾空翻转，娴熟的灯光技法烘托得整个画面美轮美奂。

“我说儿子，给我记住咯，你人生的第一场脱衣舞是你干妈我领你看的！”她煞有介事地冲着我肚子一阵嘀咕。音乐很响，我忍不住笑起来。

散场出门，我回家，她去酒店，我们在路边准备告别。她从包里掏出一支烟，看了我一眼，又塞回去了。

“我说，孩子都开始胎动了，你每天给他读几段法语诗歌，听听古典音乐，熏陶一下，别整天抱着《金瓶梅》了。”她把围巾重新拢一拢，伸手去拦出租车。

“《金瓶梅》怎么了？烟火味儿最好闻，人情世故最好看，你没文化。”我直直白去一眼。

“打住打住！上车！”

“你明晚还来不来我家吃饭？”夜里温度降了很多，我已冷得瑟瑟发抖，还是不忍和她说再见。

“再看吧，下午约了个朋友，结束得早我就过去，你等我电话。到家发短信。路上小心。”

我钻进车子，关上车门，只见六月重新把烟掏出来，背过身去走开了。“咕咚”，又是一下，我拍拍肚子，一个人在后座里傻笑。

姐妹再情深，相聚的时间也只有一个半天，“湘云”她好像永远人在旅途，永远赶场似的刚刚赴约又说再见……她独自在欧洲漂了七八年，妆越来越浓，烟瘾越来越大。

还记得当年的那个夜晚，她即将出国，正在老家的饭店里和一帮朋友吃着告别宴，我在电话里和她哭诉，说自己心情好差。二十出头的那两年，好像每天都过不舒服似的。第二天清早，她敲开寝室的门突然出现在我面前，“没事，就过来看你一眼。走，玩儿去。”原来她昨晚家都没回，挂掉电话就奔了火车站，一夜硬座，从 400 公里外来到我身边。更拉风的是，她还从饭桌上直接拉来了自己的两个好哥们儿，保镖一样等在宿舍楼下，听候差遣。我翘了白天的四门课，和他们去海边的游乐场疯玩了一整天，晚上又匆匆送他们去火车站。

临别抱一抱，“走了。你好好的，多吃点，柴火棒儿似的，一点也不好看。”她一脸嫌弃地看着我。

“嗯，知道。”

两个小跟班随她上了车，此后很多年，我再也没见过他们。

后来有一次，我们一帮朋友酒后开玩笑，说将来要是出了意外，你愿把孩子托付给谁，我当场说给六月，她当场说不要，“别别别，找别人去，我可嫌累。”说完，她一口干掉杯中酒。我知道，真有那一天，她准能把我的小孩养大。

第二天，如我所料，她打了电话没再过来。她还有一堆老朋友在巴黎，能多见一个是一个。

小郎倒是出差回来了，还叫了两个同事来家里一起吃饭，哥儿几个看见我扔在茶几上的门票，知道我挺着大肚子和好姐妹去看裸女秀，禁不住长吁短叹，互拍肩膀，“哎呀，这也太浪费了！”“第一排，那么好的位置，你媳妇儿暴殄天物啊。”“啥也别说了，喝酒喝酒！”

一周后，去医生那里做B超，宝宝发育良好，果然是男孩。我发消息给六月，她即刻得意起来，“我说什么来着！！！神不神？你说我神不神？！将来一准儿是个花花公子！”我握着手机，扑哧笑了出来。

再见“湘云”已是三年后，她带着新的伦敦男友来我家，从背包里掏出一堆礼物，七七八八摆了一桌子。“花花公子”已满地乱窜，刚满月的茉莉被她抱在怀里咧着嘴笑。

“快点生个混血宝宝出来，到时候我要做他教母哈！”闲聊中顺口将她一军。

“干吗？蒸馒头呀！想得美，回头好好的孩子再被你教坏咯。”片刻，她忽然眯起眼睛，贼贼地说，“反正你有俩，将来过继给我一个，哈哈。”

“不用将来，今天你就俩都拿走！附送奶粉、尿布、婴儿床。”我俩顿时笑作一团，越说越起劲儿。

“话说你还等什么啊，非得熬到高龄产妇才生？孕期整天顶着雷似的，一做检查你就肝儿颤，我跟你讲。”

“知道。再等两年吧，没准备好呢。”她瞥一眼远处正在讲电话的男友，我会心地点点头，不再多问。

我一厢情愿地盼着她早点做妈妈，让我也好有机会表表心意。我们喜欢自己的闺密，爱屋及乌，我们也会喜欢她的小孩。我们会细心关注那个小家伙每一步的成长变化，愿意在他生日时花心思为他挑礼物，在他有需要时更会不遗余力地提供帮助。是的，我们本能地希望妈妈间攒下的好交情也能在下一代之间延续。那份悠缓绵长的情谊哟，真的只有女生之间才会懂的啊。

“天啊，总算找到了！”我牵着老虎在停车场里绕了好几圈，终于把车子摁亮了。

“提前拍张照片多好，爸爸每次都拍。”老虎是天生的补刀手。

“他笨，记不住，妈妈用不着。”我为他打开车门。

“还说别人呢，唉。”老虎摇摇头，独自爬上安全座椅。我气得没话说，“咔嚓”一声，狠狠把他扣进了安全带里。

“妈妈，我原来真的是颗豆芽吗？”老虎的思路好像又跳回到 B1 的事情上了。

“对啊，一开始是个豆芽，后来变成橄榄，再后来，变成柠檬、鳄梨，然后，芒果、茄子、哈密瓜……”我坐进驾驶座，努力回忆着当年订阅的《每周孕期指导》上列出的种种比喻。

“都是吃的？”老虎皱起眉头，“你在逗我玩对不对？”

“嘿嘿，妈妈晚上回家好好讲给你听哈。”我点开导航，准备输地址。

“妈妈，我的小鸡鸡是爸爸给安上的对不对？”

“啥？”我一个没绷住，笑得趴到方向盘上，喇叭“嘎”一声骤响，停车场里听来分外刺耳。“你回家问爸爸吧，妈妈头有点儿晕啊。”

一脚油门踩下去，我们从 B1 出发了……

未来请您多关照！

从一个活在自己世界里的简单女生，蜕变成一个甘愿用心血抚育新生命的成熟妈妈，那一条必经之路究竟有多长呢？

带你来到人世间

至今我依然怀念老虎出生前的那段孕期时光，全程顺遂无忧，心如雨后彩虹，甜爽清透。

说来也奇怪，自己原本是个体弱怕冷的单薄身板，谁曾料，这小皮猴的到来，仿佛一夜之间帮我开了外挂，每日精力充沛，好似一头撒欢儿小兽。白天暴走五个钟头，晚上回到家还能亲自下厨准备一桌子饭菜招待朋友，除了脑瓜有点儿生锈，丝毫没有体味过大肚婆的困倦与多愁。

临产的前一天，我坐在缝纫机前，跑完最后一个针脚，老虎的两套小被褥终于完满收工了。“真的要做妈妈了呢！”我忍不住又从抽屉里翻出那几张模糊的彩超图片，在脑中反复勾画着小家伙的可爱脸庞，想象着未来的他睡在婴儿床上的温暖样子，恬谧亲昵的场景在心头暗自预演了很多遍。

凌晨一点，迷迷瞪瞪起身去卫生间，“啊！见红了！”顿时睡意全无，急忙叫醒小郎，准备穿衣出门。犹记得，路上我一直在讲话，喝高了一般。在医院门口下了车，我站到一旁等着小郎卸行李箱，暮春的夜，几分清冽，夜空中一轮满月遥遥相望。“好日子呀。”我在心里庆幸着，分娩日恰是大吉大利的数字，真是天遂人愿呢。冷不防，猛地一股劲风袭来，吹得我直打冷颤。

宫缩还没频繁启动，疼痛尚在可承受的范围内。我想着即将和老虎见面的欢喜，不觉间兴奋起来，莫名冲着小郎夸下海口：“就凭我，天亮之前一准搞定，你等着当爹吧！”

“别紧张哈，我真——不——着——急。”话落，他扑哧一笑。

“我紧张了吗？我哪里紧张？就生一孩子有什么可紧张的……”

“嗯嗯，嗯嗯。”

“嘿，怎么没人推着担架出来接我，咋跟电视剧里演的不一样呢？”

“你也跟正常孕妇不一样，打了鸡血似的。”

“哎呀，好像忘带 iPad 了，《生活大爆炸》都更新了。”

“啧啧，带了带了，在我包里呢，不够你忙的！”

我挽着小郎的胳膊，一路跟他拌着嘴跨进医院的大门，整个孕期我增重了30斤，迎面看过去，一定滑稽得像海洋馆里的训练员牵着他的海狮进场。

22个小时之后，产房里，一堆医生围着我们娘儿俩打转。我被推进观察室休息，人已几近虚脱，恍惚听见走廊里传来熟悉的声音，是小郎，他在向医生们询问我和老虎的情况，话语间是掩不住的焦急和慌张。老虎的到来并没有如我吹嘘的那般痛快，也远不止迟到一点那么简单。我意外遭遇了枕横位难产，他落地时哭声很弱，医生建议把宝贝即刻送进新生儿重症监护室（NICU）……总之，他没能像其他宝宝一样，响亮宣告自己的到来，一睁眼就融进欢声笑语的世界，我也没能拥有其他产妇的好福气，第一时间把宝贝抱进怀里，泪水中喜迎新生。

片刻工夫，商定结束，护士抱着老虎从里间走到我的身边，俯下身来，“宝贝，先跟妈妈说再见吧，咱们去做做检查，过几天就回来。”那是我第一次与儿子见面，他仿佛听得懂一般，短短的几秒钟，竟然把头转向我，睁开眼睛，冲我眨了眨，算是匆匆问好又告别了。我勉强抬起头，伸手摸一摸他的包被，看见他额头一侧明显的血肿，轻声说了句：“宝宝，再见。”老虎被抱走了，我顷刻间泪崩，满心欢喜带他来到人世间，开场却是离别。

很快，小郎带回NICU的检查结果，老虎因产程过长感染了新生儿肺炎，这倒没什么要紧，严重的是产伤导致了蛛网膜下腔出血，暂时无法排除后遗症的风险。医生说需要至少一周的观察和治疗。

其间，家长可以电话咨询，依照医院的时间安排隔窗探视。总之，从 NICU 出来之前，我们谁也别想抱一下儿子了。

我强迫自己冷静，反复在心里对自己说："这只是一场意外，意外！ bad luck，懂吗？儿子没有危在旦夕，只是去接受正常的治疗，也许明天就能回到身边了，不会有事的，不会有事，不会有事……"小郎始终保持着理智，不停打电话，咨询各个在医院里工作的朋友，挂下电话又来安慰我，说这是不少新生儿都会遭遇的状况，多数预后良好，问题不大。然而，任凭他怎样陈述事实，我内心的想念、悲伤、愤怒乃至绝望依然排山倒海般压过来。

凌晨，回到两人间的病房，邻床女生和我同日分娩，已经抱起宝宝在喂奶了。见我一个人被推回来，宝贝不在身边，问了大概，便不再多言语了。伺候她月子的姐姐每次洗完水果都会送过来一份给我，偶尔说上几句体己话，我们笑着谢谢。医生清早查床，护士按时给输液，妈妈一天来送三顿饭，小郎坐在床边照顾我起居，把我用吸奶器泵出的初乳存进袋子送回家冷冻，等着老虎回来时给他吃。总是有事可做，总是有人围绕，我不得不告诫自己，种种情绪必须适可而止。

出院回到家，世界终于安静下来了。一切还是三天前离开时的样子，我却好像是出了一趟很远的门，疲惫至极。推开卧房，漂亮的婴儿床就摆在眼前，里面铺着我入院前刚刚缝好的被褥，床铃上的小动物们垂挂成一个圈，似在等着宝宝的到来。

小郎在楼道里抽烟，妈妈去买菜了，我确定屋子里头只有我自己……总算可以了！我一头栽倒在床上，开始陷入莫须有的自责和愧疚中，难以自拔，反复追问自己，我究竟做错了什么……

产后第七天，医院通知我们，老虎已经病愈，可以出院了。小郎去接他，我在家卧床等待，电视机一直开着：威廉王子与凯特王妃大婚，美国南部遭遇飓风袭击遇难两百多人，上海地铁一对男女跳轨一死一伤……这个世界，每一秒都在欢喜悲伤。我抻长脖子朝窗外张望，梨花如雪，压满枝头，算算时间，儿子就要回家了。

门铃终于响了，小郎背包都没来得及放下，直接把老虎送进我的怀中，我接过他，顷刻间感到乳房胀痛起来，奶水直接湿透了衣衫。我急忙撩起衣服喂他，老虎眼睛还闭着，却本能地张开嘴巴吸吮起来，咕咚咕咚，我听得到他急急吞咽的声响。小郎知趣地关门离开，让我们母子独处。眼泪很快打湿了襁褓，我一边擤着鼻涕，一边往另一侧的哺乳衣里塞纸巾。

他总算喝饱了，嘴巴松开乳头，心满意足地睡过去了。我抹干眼泪，终于可以好好看看我的宝贝了，他额头的一小块胎发已经被剃掉了，正中有一个清晰的针眼，小脸干巴巴的。我轻轻打开包被，想去握握他的小手和小脚，却发现上面布满了针眼……这一画面狠狠钉进了我的记忆，后来很长的一段日子里，它总会在不经意的时间缝隙里闪回，扎到我的心上，久久拔不出来。我有时呆呆看着他，会突然不可抑制地产生一种病态般的冲动——如果需要，我一定会为他去死。

老虎逐渐痊愈，能吃能睡，活泼好动。满月之后，这段母子分离的痛苦经历似乎很快消埋在日常琐碎之中。老虎每天都带给我们新的惊喜：会笑了，会伸舌头了，眼睛能追着玩具跑了，看在妈妈眼里，都似登陆火星一样的壮举。惊喜之外，各种小状况也开始层出不穷：湿疹，吐奶，夜啼，便秘，黄疸不退，疫苗反应。老虎好像一台永动的问题制造机，我守在他的身旁，时刻保持警戒状态，一有风吹草动，立即紧张到不行，四下询问打听对策。要等到很久很久之后，我才意识到自己当初对他的疼爱是多么的“用力过猛”，因为那段被迫分离的后遗症已深深烙在了我的身上，而我却浑然不知。也是因为那段特殊经历，日后每每听到谁家的孩子出生时得了什么重病，或是小小年纪遭遇绝症之类的消息，我都会打心里跟着痛一阵子。有时,眼见某些父母对孩子格外溺爱或是照料得过于细致，也不再觉得有多诧异，毕竟每对父母和孩子之间都有属于他们自己的一段故事。

老虎一岁后的某天，为办签证之用，我闷头在书房翻找他的出生证明。小郎不知何时把老虎的相关材料都整理到一个单独的档案夹里，我打开粘扣，竟哗啦倒出一大摞纸张来。我在心里嘀咕着，这小屁孩儿才来世上蹦跶几天啊，哪儿攒下的这么多杂七杂八。忽然，一个装订整齐的大厚本子窜到眼前，上面赫然写着“××医院”的字样，那是老虎在重症监护室的病历记录，我竟从未见过！心怦怦地跳起来，一下子被拉回那段黑暗的日子，我抖着手指翻开来，上面一行行密密麻麻详细记录着几时几分输了液，药品名称和剂量，几时几分喂入多少毫升的配方奶，几时几分又做了哪项检查，老虎手脚布满针眼的画面又回来了……

创伤的愈合就是如此艰难，别人眼中的小小意外，砸在自己头上，就是某个阶段里无法承受的生命之重。

日子依旧继续，直到这只小鬼开始满地乱跑，动辄把家里搅得鸡飞狗跳；直到他学着我的样子，一手叉腰一手伸着指头和我振振有词地讲歪理；直到公主驾到，产房里护士第一时间笑盈盈地把茉莉送进我的怀中，我才恍惚中确信，自己，真的从那场 bad luck 的分娩阴影中走出来了。从一个活在自己世界里的简单女生，蜕变成一个用自己的心血抚育新生命的成熟妈妈，那一条必经之路究竟有多长呢?

不久之前的某个晚上，我和小郎带老虎和茉莉去一家新开的小馆子吃饭，回来的路上，天色已暗，街上霓虹闪耀。小郎看前方拥堵得厉害，便决定换一条路走，三拐两拐之后，老虎忽然指着车窗外的某个方向，“妈妈，这个是医院对不对？楼顶上有个加号！”我正低头玩着手机，听他一说，便随口“嗯”了一声，“对，有加号的就是医院呢。”

“呵，你还来这里玩过呢，臭小子。”小郎一声苦笑。

我一怔，扭过头抬眼，原来是老虎出生后便被送进来的那一家医院。五年过去了，我竟还是第一次路过这里。

“真的吗？什么时候？我怎么不记得？”老虎认真起来。

“妈妈，我想尿尿。”茉莉又来了，越是难停车的地方，她越是吵着尿尿。

“哎哟，忍一忍啦，闺女，路过加油站再说。”小郎知道这小丫头的伎俩，坐得烦了，便想找借口下车。

“妈妈，我憋不住了。”茉莉小声念叨。

“啧，妹妹，真拿你没办法，上车前不是刚尿过了吗？唉，说你什么好啊？愁死人了。”老虎已经熟练掌握妈妈数落他们的套路了，连语音语调也复制粘贴般得我亲传。

我回头看了老虎一眼，他也看看我，见我脸上挂着笑，便似得了母后令牌，冲着茉莉继续嚷嚷起来，嗓门明显提高了许多……

产后抑郁它像只鬼，说来就来。来了，就把你一脚踢进黑洞，你就在洞里蹲着，只能等，等它主动走开。但它没啥可怕的，跟对待其他事情的态度一样，正面回应就是了，绝不要躲。

直面抑郁的黑洞

“小主们近来可安好？奴家跪求一见。”小郎放暑假，我们带着老虎回国小住。时间紧迫，我刚倒过时差，便开始在群里骚扰乐总和Nana。

“明天下午两点，地点你们定。”乐总秒回。

不多时，“叮咚”一声响，Nana现身了，“吼吼！太好啦！那Tingoo咖啡馆吧，地铁方便，我还有优惠券。地址一会儿发给你们。要不咱再早点儿吧，我一点半就能到。老虎他娘，我要的维生素和小棕瓶你记得都带着哈，还有我那COACH包，还有，我要说什么来着……”Nana连着发来两条60秒的语音，婆婆妈妈，听得我噗噗直笑。我也叽里呱啦回了她两条，没什么要紧事，纯为和她斗嘴。

“开会中。”乐总一语斩断群聊，我们倒吸一口凉气，即刻退散。

第二天下午，三人竟然都提早到了，乐总比 Nana 还早。

“我去买喝的，都要什么？”进了咖啡店的门，Nana 发话。

“Espresso。”乐总微一扬头，转身便往里走。

“冰美式吧。”

“咦，听着就苦。你俩找个地儿先坐。”Nana 掏出钱包，奔了吧台。刚走两步，又转头叫住我们，“哎我说，一人再来块蛋糕怎么样？”

乐总找了个靠窗的沙发座，“不要！”说着，背包一扔，人也陷进去了。

“哎哟正减肥呢，哪敢吃啊。”我摇摇头。

Nana 身子朝后一仰，跟着就冲我们伸出一根指头来，“狗日的，你们都变了！”

片刻，Nana 端着餐盘走过来，她到底给自己点了超大杯的白巧摩卡，还配了块芝士蛋糕。

当年大学刚毕业时，乐总做二房东，把一套三居中的两间分租给我和 Nana，想来都是七八年前的事了。上次三只凑齐还是在乐总的草坪婚礼上，那时我们还叫她小乐……记得小乐上场时披着蓬松俏皮的短面头纱，抹胸齐膝的白色礼服轻盈喜悦。Nana 给她做跟拍，穿着双白球鞋，满场流窜，拍到忘我时，连跪带趴。临到小乐抛花球了，Nana 眼一瞪，火速把相机扔进我怀里，然后绕一大圈飞奔至前排，果然拔到了，乐得原地蹦高，“耶耶”地叫着，引得那群高跟鞋小洋装的待嫁淑女们侧目私语……

一别几夏，在这个让人妆都懒得化的蒸笼天里，我们仨重又坐到一起了。如今，连年纪最小、打着四个耳洞的Nana也做了妈妈。言谈间细打量一番，脸上都有了变化。好久不见，远的近的，总要拿出来汇报一下，一交代就是一家子的事，拖拖拽拽的。“怎么就突然间都搞了条人命出来，你说说？”Nana频频摇头，她家的小熊半岁不到，坐还坐不得，她正是受累的时候。说到这儿便打开各自的手机相册，滚上滚下，满屏都是娃儿。无论聊起什么，总是三言两语间拉扯回来，绕不开的宝宝经。

“昨天早上我吃坏东西了，腹泻，真是太窘了当时，只有我和小熊在家，我把他搁在澡盆里不行、手机放儿歌不行、卫生纸扔给他随便扯也不行，一直哭一直哭。”Nana语速极快，指头打着圈，像个饶舌歌手，“我坐在马桶上，肚子痛得直不起腰，他非要我抱，抱起来还不行，还要吃奶！嘿！我疼得都冒虚汗了拜托……最后到底把衣服撩起来让他吃，好嘛，吃上了一点动静都没了，我在拉屎啊，一边蹲马桶一边喂奶，亏他也吃得下去！哎哟那画面，我跟你们讲，真后悔没留个自拍！”Nana说着，手举到鼻子边上假装扇一扇，我和乐总眼泪都笑出来了。

“哼，说起喂奶，你可留点心Nana，我家那个雷雷，我喂到他自然离乳，两岁半哪。”乐总接过话头，“最忙的时候，一边开电话会，一边泵奶，客户那边还纳闷，‘哪来的嗡嗡响？’……断奶之后就傻眼了，有天早上醒来，雷雷特别认真地瞪着我问：‘妈妈，你还有胸吗？’”

“噗——”我刚喝到口里的咖啡差点喷出来，冲乐总狠狠点了点头。

“那么惨？”Nana下意识地双手交叉抱紧胸口，“胸在人在！不行，老娘下个月就给丫断奶。”

“切，别逗了。按摩，涂油，戴bra，能维持成什么样就什么样吧。”乐总诡异一笑。

忽又聊起宝贝睡觉的事，Nana一肚子的苦水，哗哗往外倒了出来：“他爸特能装睡，不踹两脚绝不起来帮忙。第二天谁不上班你说，我天天顶着个大黑眼圈出门，粉饼都遮不住了。都说父爱如山，生了娃才知道，可真跟座山似的呀，杵那儿完全不动啊……”Nana指天指地比画着，衬衫领口处隐约露出一对鹿角来。还记得那年的某个深夜，她刚一回家便扒开衣领要我们瞧，说自己下午逛街时，一时兴起去文了一对鹿角图案的刺青，就在性感的锁骨处，造型很酷。她对着镜子，得意地照了一晚。后来，鹿角红肿起来，越发立体，好像真的有一头小鹿要从里面拱出来了，她痒得直想动手抓，小乐去药店给她买红霉素药膏……仿佛就是昨天发生的事呢。

“唉，回头想想，真不知道当初怎么熬过来的，大半夜抱着个孩子，在地上一圈一圈走，跟个女鬼似的。有一天，我实在熬不住了，号啕大哭，雷雷也哭……屋里都有回音了！”乐总不屑似的，边说边用手指弹着桌子。

“我也狠狠哭过几回，第一回在家，刚出月子那会儿，跪地上哭，用拳头咣咣砸地板，家里人都进来了。第二回，我猫车里哭去了，真心不错，我跟你们讲，隔音好啊。”Nana闪着一对长睫毛，认真做着场地测评，“哎！这很重要的好不好，发泄嘛，环境得让人放松！”

“我习惯躲到卫生间里哭，洗脸方便，还得擤鼻涕不是，而且……”我忽然也想起了自己的那些深夜。站在镜子前，刷牙刷到一半，忽然就抽泣起来。抽泣很快变成大哭，满嘴的白色泡沫四溅，眼泪和鼻涕混进来，五官涨得通红，揪在一起如一只狰狞的母兽。回身关好卫生间的门，拽下毛巾捂住自己的嘴巴，生怕哭声吵醒卧室里的宝贝……打开水龙头，憋住一口气，把整张脸浸到冷水里面去。

话题不知不觉间沉重起来，Nana忽然挽起袖子，把胳膊伸向我们，臂弯处一道两寸长的伤疤，一看便知割得不浅。她说有天浴室的拉门滑道被卡住了，她刚跟家里生了一肚子闷气，便和那门较起劲来，使了个蛮力去拽，结果自己撞到角落里的玻璃搁架上……Nana狠狠挖了口蛋糕放进嘴巴里，“你们有没有觉得，产后抑郁它像只鬼，说来就来。天太热它会来，家里奶粉没了它会来，娃起疹子它会来，做好饭菜没人爱吃它也会来……”

“是啊，来了，就把你一脚踢进黑洞，你就在洞里蹲着，只能等，等它主动走开，你再一下一下从洞里爬出来……”我知道那种感觉，一灰到底。

“跟你们出来待会儿透透气，舒服多了，在家整天和我妈闹别扭，她总挑我毛病，纸尿裤换得勤点儿嫌我浪费，给小熊衣服穿得少点怕冻出病来，大清早就逼着我喝猪脚汤，哎哟，一堆糟心事儿，我一点也不爱回家，一看见我妈……”Nana讲到一半忽然停住了，喝掉最后一口咖啡，靠到椅背上，深深叹了口气，接着讲道，“我看自己是要变痴呆了。真的，现在记性差到要死，我家蒸锅都被我烧煳两口了，死活想不起来灶台上点着火，哪天把房子给点着了也保不齐……从前净笑话别人了，觉得产后抑郁那帮姑娘都是矫情鬼，跟那儿酸溜溜穷挑剔，轮到自个儿，唉……”

“嗯，是那么回事儿。抑郁好像有个自己的频道，换进去了，半天调不回来。”乐总眼皮耷拉着，手里转着咖啡勺，一脸心知肚明，说完扭头把眼睛看向窗外。大概是隔壁的时尚店铺在打折吧，年轻的姑娘们三三两两提着购物袋打此经过，有说有笑。乐总的妈妈在外孙出生后不久便心梗离世了，百日都没赶上，爸爸随后又查出肝癌，好端端的家垮了大半。

“你呢亲爱的，怎么样，自己在国外带孩子，扛得住吗？”Nana吃完最后一口蛋糕，也抬起头来看向我。面对她俩，我本就无所防备，这一问抛过来，我竟仿佛等了好久一般。

“我啊……”半句话还没说出口，我就开始哽咽了。1万多公里飞回来，好像就为了能当面回答她们这一问似的。许是Nana的一番唠叨忽然戳中我的某段记忆，霎时间，灯光灭，画面起。抑郁，谁能躲得过呢？有那么几个时刻，我觉得自己仿佛黑暗中赤脚走在无垠的沼泽里，好不容易拔起一只脚，下一步依旧是深陷。

那些让人崩溃的时刻恍惚间又回来了，我一把举起老虎的玩具箱，"咣"的一声向墙壁摔去，塑料箱摔开两道裂纹，那些小火车小狮子弹弹乐六面盒开始比赛似的唱起歌，我恨透了那些旋律，挨个拎起来重新摔一次。老虎远远站在一边，咧开嘴巴号啕大哭，我受够了这哭声！受够了！我抓起自己的头发，死死攥紧拳头，好像人生就这么毁掉了……丧失的痛感扎进血肉，搅动翻转，让人日夜不宁。我盼着自己能大病一场住进医院，那是我能想到的，既让自己心安理得又能逃离家庭的唯一办法。

我絮絮叨叨讲着，也不知究竟讲了多久。"太心酸了。"Nana抹着眼泪，"以为你好山好水的地方待着，没有国内这些鸡零狗碎的事，唉，什么样的日子都有代价呀。你说，这生了孩子，咋一切都变了呢？"她大概也想起了自己的某些片段吧，哭得更凶了。

三人都陷入了沉默。

许久，乐总平静地开口了："我早你们两年做妈妈，这些也都经历过……咱老实讲，除了少数运气特好的姑娘，你们知道，就是那种一大家子都能围着她转，不差钱，婆家娘家都宠着，丈夫知冷知热，孩子还健康省心，这样的姑娘福气大，或许真的一点抑郁都没碰上，咱也比不了，只有羡慕的份儿，对吧。剩下的，大多数女生或多或少都有些产后抑郁的经历。没啥可怕的，跟对待其他事情的态度一样，正面回应就是了，绝不要躲。也没必要把责任都推到老公身上，更不要指望他能帮你解决什么，趁早断掉这念头，越早越好。”

“嗯，他们懂个屁，就像咱们理解不了男人出轨一样，他们从骨子里也不能理解产后抑郁，生理构造有差异。我对他爸就一个要求，只要回到家，听指挥别添乱，我指哪他打哪。”Nana 说着背过身去擤了把鼻涕。

乐总挺直腰板，两肘落到桌上，“嗯，是这个意思。怎么说呢，有的女生自制力特别强，你从表面完全看不出她的抑郁，觉得她特正常，其实她拼命压抑了自己的感受，她对抑郁是有自知的，宁肯憋出内伤来，也不轻易流露，我们差不多都是这种，逼着自己去自我化解，尽量不给别人添麻烦，强者当惯了，讨厌被人怜悯。这件事上，我倒是挺嫉妒那些表演型人格的妈妈，我有个小弟妹就是，一碰到点委屈拿起电话就吐槽，吐完她一身轻松，也不管电话那头的人心里什么感受，要么就拿周围人撒气，父母老公孩子轮着来，谁软捏谁，好像谁都欠她的似的，反正我做不来这样……我呢，当时也是听了一个好朋友的建议，在最难熬的时候，开始运动，一周跑三次健身房，雷打不动，每次一个半钟头……跑步之后举铁，坚持了大概四个月，一口气瘦回 90 斤……后来我又强迫自己每周日下午定时出去放风，逛街、看电影、做做指甲，干什么都行，把雷雷扔给他爸……对，我当时还报了个日语初级班，很快认识一帮新朋友，开心不少。那阵子，一个人在路上开车的时候，我会假装跟我妈聊天，心事都说给她听，当她就坐在后面……慢慢来，总会好起来的。喏，说白了就两条，一敢于适当求助，二舍得花钱、花时间取悦自己！现在雷雷三岁了，日子好过多了，真的！”乐总看着我俩，微微一笑，缓缓落下眼帘，好似万般心事都已做了了结，这世上再没什么是她扛不过的了。

我和Nana点点头，擦干脸上的眼泪，得了体贴与点拨，心中不胜感激。遥想初相识的某个夜晚，我们三个小女生一人抱一杯珍珠奶茶，盘腿坐在沙发上，各自大骂了一通生命中曾遇到的渣男，恋爱糗事袒露，友情一夜升温。此后，我们便成了双井桥的Rachel，Phebee，Monica，无话不谈……

这时，Nana咽了咽口水，扫一眼桌上的空碟空杯，忽然抬头看看我俩，“要不，一人再来块蛋糕吧？”

“提拉米苏。”

“榴莲千层。”

“嘿！你俩这㞞货！非得哭一场才敢吃口甜的！我就知道你们在那儿装呢。”Nana说着，一起身，奔着吧台又去了。

PART 2

一边繁花相伴，一边坎坷同行

未来请您多关照！

宝宝们挨到最后，或许真的能独立睡着，可你真的确定，那不是他们因为哭到绝望而被迫作出的妥协吗？安全感还没建立起来的小baby，就要独自面对黑夜带来的恐惧，这真的科学吗？

婴儿期的头等大事——睡！

达勒姆的市立图书馆有一个专门为幼童设立的阅览区，绘本充足，光线明亮。在前台留下住址和电话，便可以免费办一张借书卡，一次性可借阅20本之多，三周为期，且可连续多次续借。书本的流动性如此之大，又都是在调皮的孩子手中辗转漂移，图书内页却保持得异常完好，少有折痕与涂抹，很是让人惊讶。每天，工作人员穿梭在一排排的书架间，把一早归还回来的绘本一一填插进去，还不忘笑意盈盈地与每一个进门的孩子打招呼，热情友好。

在阅览区的一角，他们安放了一个两米见方的小火车游戏桌，四周布了一圈草绿和淡橘的布艺沙发，那是孩子们最爱的社交场，也是妈妈们借以八卦消遣的“咖啡座”。每隔三两天，我都会带着老虎来这里玩上一阵子，一群尿布娃，每人手里攥着一辆小火车，“chou，chou……”，穿山洞、过吊桥、进站加油，兴致勃勃。宝贝之间的交流自有他们的一套实用语言学，单靠肢体和眼神就能实现顺畅沟通，肤色、民族、语言、宗教，这种种差异，在孩童的世界里完全不构成障碍。

达勒姆本就是一座大学城，带宝贝来图书馆的，除了小镇当地的美国主妇，更多的是来自世界各地的陪读妈妈们，妈妈之间天然有话题，虽然英文口音各具特色，热络起来却是件极容易的事。夸夸对方孩子的可爱之处，讲讲自家的趣事和糗事，有能帮上忙的地方伸一把手，全世界的妈妈大都深谙此道，加之异国他乡人孤单，一来二去，图书馆的常客们便都成了朋友。

这一天，来自哥伦比亚的 Lina 一屁股坐进沙发就聊开了，这位麦德林长大的混血美女，活脱脱毒枭片里走出的女一号，性感伸到眉角发梢，颈子上一长一短两条项链，金钻同辉。若不是她整天把半岁大的小女儿 Layla 抱在胸前，真的很难把她和“妈妈”一词联系在一起。

“昨晚我几乎一夜没睡，什么睡眠训练，简直要被 Layla 吵死了，哭起来没完啊。”一听便知，Lina 在训练女儿睡整觉。

做妈妈之前，我从未听过 baby sleep training（婴儿睡眠训练）一说。婴儿睡眠训练？困了自然会睡啊，睡觉这件事还需要训练？

来了才知道，原来在美国，关于睡眠训练的方法有很多，其中有一派完整的所谓 cry-it-out method，源自 1894 年一位著名儿医 Luther Emmett Holt 的著作，80 年代经由哈佛大学医学院的 Richard Ferber 教授进一步改良，由 cry-it-out 发展为 crying control，一度非常流行，直到今天也仍有不少追随者。之前抱老虎去打疫苗，医生也向我们适时推荐过。

简单说就是要三到六个月大的小婴儿经过短期训练后能独立入睡，夜里即便醒来，也能凭借自己的力量神奇般地再睡回去！总之，一旦训练成功，宝贝睡得大圆满，妈妈亦得到大解脱。但说起来，训练的过程却颇有几分“残忍”，婴儿哭醒的时候不能即刻去抱，父母要“延迟响应”他的需求，并且一点一点拉长间隔。根据具体的情况，妈妈可以选择留在房间外，或是守在宝贝身边，但最多也只能轻拍几下以示安抚，以逐步让孩子习得自主入睡的能力。不得不说，这对妈妈的心理承受能力是极大的考验哪。

“哈哈，你戴上耳机啊！音量调大一点。”坐在对面的莉莉，脚尖晃了晃狠狠支上一招，妈妈们都笑了。莉莉接着说道：“你知道我们家 Mia，训练的头几天，有一次哭了整整 45 分钟，哭到流鼻血，还吐了一枕头呢，挺过头三天就好了。”

我不禁瞪大眼睛，个头小小的莉莉还真是个铁娘子啊。莉莉 16 岁时从天津来美国读高中，一路独自闯出来，UCLA 毕业，在西雅图做了多年的精算师，后来嫁了美籍韩裔的丈夫。眼下为照顾小孩，她跟公司申请在家工作，还雇了当地一个墨西哥裔女孩每天来家里帮忙。

“睡眠训练需要培养一整套良好的生活习惯，白天有规律地小睡，不能疲劳过度，晚上入睡之前要走一套固定程序，整个 24 小时这个周期，都要有规律，才能保证宝宝晚上的睡眠规律啊。哭声免疫法也不是唯一手段，但它确实高效，如果孩子健康的话，可以尝试一下。”说话的是 Emma 的妈妈 Claire，来自得州的美国家庭主妇，一岁半的 Emma 已经是她的第三个女儿了。Claire 热情又耐心，对于自己的教养法则非常自信。无论谁家的小孩出了状况，Claire 都会真诚地给出一些建议，经验储备如此充足，仿佛一部行走的育儿百科。

“一会儿去 Harris Teeter（美国一家超市）买两瓶红酒，今晚等她一睡下，我就把自己灌醉，她夜里就算醒了我也听不见，随她哭去好了。”Lina 提到酒，撩了撩头发，轻咬一下嘴唇，画面顿时和谐了许多。坐在她腿上的小 Layla 嘴上咬着安抚奶嘴，两颗大眼珠滴溜溜转着，好似有所察觉，知道我们这群妈妈正在商量着如何搞定她。

“Myrtille，你的训练成功了吗？”“毒枭女人”望向我，眼里充满期待。老虎只比 Layla 大两个月，她知道我每天也在为老虎三番五次醒来吃夜奶而感到头疼。

“唉，试过了，3 分钟不到我就把他抱起来了。”我摇摇头，“没办法，我就是听不得宝宝哭，我放弃。而且，我总觉得留他一人在黑夜里哭，恐怕将来会有心理阴影吧。这种方法虽然好用，可针对它的争议，儿其在儿童心理学方面，也一直都存在啊。算了，我还是顺其自然好了。”我看了看正在怀里咬着磨牙棒的老虎，不禁苦笑。再一抬头，对面三个坚决拥护此法的妈妈，脸上登时现出异样的表情，仿佛在说“怎么可以放弃？”“好吧，活该你睡不好。”“唉，真可惜。”

这时，Connie捧着一大摞绘本走过来，小女儿跟在身后，手上拎着个长耳兔。“呵呵，看起来，你是个有求必应型的妈妈咯，就是自己得熬得住辛苦呢。”Connie是一位加拿大妈妈，阳光有活力，身材健美挺拔,“在你们中国,不是有孩子和妈妈同床睡的古老传统吗?我觉得很好啊，夜里哺乳也很方便，还能增进母子之间的感情，我就是一直这样做的。至于哭声免疫法，我的理解，它也不过是一种矫正手段，只针对那些睡眠状况非常糟糕的孩子，比如夜醒过于频繁或是极度依赖某种睡眠环境。其实，大多数宝宝并没有遇到那么极端的情况，所以啊，也别太较真，按你自己可以接受的方式来嘛。”

“呵呵，当妈各有思路，你自己选！”莉莉忽然站起来，背上她的杀手包，拍了拍我的肩膀。

“准备走了？”我抬头看她，一对精致的猫眼眼线衬得整个人神采奕奕。

她拢了拢头发，俯下身压低嗓子，改用中文:“嗯，走了。跟你讲，瞅瞅你这黑眼圈，这大眼袋，睡得不好，脸上跟蒙层灰似的。现在不训练还等什么？哦，等他长到一岁半自己睡整觉？那你这未来一年都得这么扛着，我们在国外又没亲人帮忙，不是吓唬你，你熬成黄脸婆都是轻的，当什么苦逼天使啊，小心得抑郁症，睡眠不足是和抑郁直接挂钩的，你懂不懂啊？听我的，铁腕一点，让老虎哭几天，什么心理阴影啊，又自闭症的，屁事儿没有，我先走了。”莉莉说完就那么一踩高跟鞋，噔噔噔大步流星走出去了，墨西哥小保姆见状赶紧抱着 Mia 跟在她身后。

临近傍晚，妈妈们带着自己的宝贝纷纷散去，“毒枭女人”果真载着 Layla 开车驶向对面的超市去了，但愿她今晚有酒精助力，真能睡个好觉吧。磨人的小家伙们，你们睡不踏实，妈妈们的黑眼圈又如何能消得掉啊？

回到家，喂饱老虎，给他换好尿布，趁着他能独自玩一会儿的工夫给自己匆匆做一口饭吃，还来不及收拾碗筷，他已经伸手要抱了。看看时间，再过一刻钟就可以启动睡眠模式了，一丝小小的欢喜在心头升起。一个人带宝宝，每天都是一场硬仗，熹光微现，宝贝睁开眼的那一秒，战斗的号角便温柔地吹响，大部分时间里，我和老虎守在清宁的家中彼此相依为伴，奶瓶和尿布总在手边，只觉得挂钟走得缓慢，熬到日落时分，硝烟散去，目下已是一片狼藉。

洗完澡，把老虎抱在怀里再喂一次奶，而后关掉卧室的灯光，让他的头靠在我的肩上，手掌轻轻拍着他的背，来回踱步在落地窗前，哼起他爱听的儿歌，“The eensy weensy spider went up the water spout……”宝贝身上淡而醉人的奶香气悠悠飘在四周。瞥见门口的空纸箱，我拿起手机悄悄发消息给小郎，嘱咐他回家路上再去超市买一箱纸尿裤。

三五分钟的工夫，镜子里见老虎已微微合上双眼，再走上两圈，听到他呼吸越来越均匀沉稳，看来是真的睡着了。我缓缓把他放进小床，心里默默祈祷着“千万不要醒！千万不要醒”，拧开挂在床边的音乐盒，清恬的溪水鸟鸣声缓缓流出来。我蹑手蹑脚地离开，上帝保佑，愿他这一觉能睡得长一点，再长一点啊。

回到客厅，一边收拾残局，一边在心里想着图书馆里妈妈们的对话。唉，自己连着大半年也没睡过一夜安稳觉，精力真的快被透支到极限了。最多四个钟头，不到午夜，老虎还是要醒来，然后整个下半夜，一醒再醒……既然已经选择了母乳喂养，把自己灌醉是没可能了，怎么办？不然我也把耳机戴上和他死磕两夜？

可她们信奉的这一套所谓哭声控制理论，想来想去，还是觉得哪里不大对呢。它先告诉你婴儿出生起就“应该”独自在一个房间睡，婴儿“应该”四个月起就停止夜奶，婴儿“应该”不需要爱抚就独自入睡，是父母的养育方式不当才导致了婴儿的睡眠问题……你要先从内心认可这些所谓的“应该”,才能真正接受所谓的“训练”。然而，这么多“应该”放到一个连坐都坐不稳的小宝宝身上，怎么听上去冰冷冰冷的？

训练过程中，除了个别生来就爱睡的天使宝宝，大部分婴儿都要在黑暗中经历一轮又一轮的号啕大哭，妈妈们却被指导说站在门外，从 moniter（监护仪）里眼睁睁看着，掐准时间没哭够分钟数不能进去安抚，宝宝们挨到最后，或许真的能独立睡着，可你真的确定，那不是他们因为哭到绝望而被迫作出的妥协吗？安全感还没建立起来的小 baby，就要独自面对黑夜带来的恐惧，这真的科学吗？难不成这是为了迎合妈妈心理，研发出的一套既能使其免除愧疚感又能成功实现自我解脱的所谓“科学”？我忍不住挠头，逻辑能力似乎还停留在孕傻期的钝感状态里，半天也掰不大明白。

收拾好碗筷，瘫倒在沙发上，一眼照见对面镜子里的自己！突然被自己吓了一个激灵，心碎一地。脸色已惨淡得俨然一只女鬼了，两个肿眼皮强撑着，眼珠子浑浑的，刘海粘在额头上，马尾松松垮垮歪到一边，开衫纽扣扣串了一颗竟毫无察觉，唉，好丧气……

不管了不管了！今晚一定得铁了心训练老虎睡整觉，莉莉说的一点没错，再不狠点心，自己早晚熬成个老妈子，看人家的 Mia 和 Emma 不是长得好好的，哪里有什么心理阴影？育儿专家准有道理，我压根就没必要瞎担心！书上怎么写的来着，第一次哭等 5 分钟再抱，第二次等 10 分钟，第三次等 15 分钟，好，我告诫自己绝不可再犹疑，长痛不如短痛！嗯，对，长痛不如短痛！宝贝哭几声没什么了不起，白天多多陪他玩耍嘛，明天给他做胡萝卜牛肉泥……

跟自己立下军令状，生活仿佛重新起了斗志，一下昂扬起来。我给自己削了个苹果，打开电视机，CBS 正在播放最新一集的 *The good wife*，刚刚开头，真是运气好呢！我盘腿坐好，看着 Alicia 又一次陷入两难，在 Will 和 Peter 之间心思辗转。

“哇！哇！哇！”老虎醒了？老虎醒了！才两个钟头不到怎么就醒了？！我本能地关掉电视机，一个箭步冲回卧室，躺到他身边，“嘘，好了，好了，妈妈在，妈妈在呢。”老虎咬住奶头，咕咚咕咚喝起来，屋子里瞬间回归安静。

忽然觉出哪里不对，我一拍脑门，接着狠狠掐了一下自己的大腿，为那在心中酝酿了整晚，未及施展即化为泡影的“训练计划”深深叹了口气。

而老虎，饱饮一顿，已然心满意足地扭头睡去。一切照旧，在他有求必应的小小世界里。

“第一步总要迈出来，我不信自己做不到！”孩子在心里一定是这么想的吧。爸爸妈妈也要像你一样，无论多少次被生活打翻在地，都要倔强地挺身而起。

独立迈出人生第一步

“媳妇儿，我到了，就在800号304的楼下，嘿嘿。”小郎人在一万公里之外，声音从电话里传出来，好像离家很久了似的。

“哦？真的？那里还是老样子吧？”我噌地站起来，抬头看一眼挂钟，美国东部时间应该刚好晚上九点整。

“一点儿没变……松鼠都回树上睡觉去了。”我想象他此刻一定坐在车里，黑暗中盯着眼前的那片橡树林。

“我们那间屋子现在有人住吗？”初进家时的情形还历历在目，真想摸一下电门穿越回三年前。

“亮着灯呢，刚才一拐进小区，我都有点儿恍惚了，好像你们在家等我呢，啊……”他上周出发，去美国公差，地点恰好在北卡州府罗利，一早就听他张罗，说是一定要回我们从前在达勒姆的小家看看，这会儿竟真的到了，“老虎和茉莉乖吗？”

两个小鬼的名字蹦出来，时空秒回到眼前。我望向身后的他们，此刻，两个小家伙正坐在地板上，嘴巴上都红了一大圈，“乖，吃草莓呢。”茉莉的碗里，每一颗草莓都被她咬去了尖尖。

“是爸爸打来的电话，要不要和爸爸讲话？”我把手机递给老虎。

“喂，爸爸，你在哪里？……美国？你坐地铁去的吗？……啊，嗯，我不知道……不记得……想要棒棒糖，嘿嘿……我没有欺负妹妹……那再见！”不等小郎把话说完，老虎已把电话递回我的手里。我哭笑不得，这三岁的小屁孩儿连上顿饭吃了什么都不记得，哪里还有什么美国往事能唤得回？真是枉费小郎在远方的现场独自动情呢。

那也是一个凉爽的夜晚，和风温柔，我们怀抱着四个月大的老虎，熬了十三个小时的飞机，推着四个大行李箱，从北京辗转抵达位于美国北卡州的小镇达勒姆。彼时，我们还是一家三口，茉莉还没有来，不知她在哪里逍遥快活……

推开那扇房门，新鲜而未知的生活空降眼前。从那一刻起，小郎的陪读，成了我和老虎新的身份标签。起初，日子奔得急，每天都有好多事情要做，开银行账户，签新手机，买二手车，添置锅碗瓢盆，给老虎约儿医，熟悉周边的超市和商场，张罗家庭聚会，结识陆续到来的新同窗。忙乱归忙乱，夜阑人静时，一家人关起门来终究是个月光皎皎下的小团圆，我们围在老虎的摇篮边，看他手脚翻飞地忙，胳膊上的小铃铛叮咚作响，一串串清脆爽朗。

终于把日常起居安排妥当，还不及稍作喘息，小郎便抱回一大摞教科书和复印材料，MBA 正式开学了，他一头扎进繁重的学业，很快，披星戴月而归成了他的作息常态。

夜里，每听到窗外有车子熄火，紧接着传来车门关闭的一声重响，我心里便欢喜一下，跑过去扒开百叶窗看是否是小郎的车子，听得久了，再也不会出错。见他从车上下来，我赶紧钻进厨房点火热饭。夜，静得让人忐忑，桌前趁着他吃饭的空当，急急地唠几句家常，有时精神尚好，他便把学校里的趣闻讲给我听，我告诉他老虎又添了哪些新本领，多么调皮捣蛋，然而更多时候，彼此的一呼一吸里都是疲惫，两个人都好似发了霉，夫妻之间的关爱也只剩这空隙之间的三两句交谈了……有时，话不投机，竟连吵架的心气都没有了，只盼着早早睡下，赶快结束眼前这“倒霉、烦人、一点都不好、糟糕透顶的一天”[1]。

幸好还有周末，再累也要找点乐子放松一下。达勒姆是一座被包围在森林中的宁静小镇，典型的美式“大农村”，四季分明，一年之中可以享受三百天的万里晴空。这里的植被多保留着最原始的状态，成片的橡树和云杉，让秋日里的整个小镇美成一本童话。周末

〔1〕绘本《亚历山大和倒霉、烦人、一点都不好、糟糕透顶的一天》，（美）朱迪思·维奥斯特著，（美）雷·克鲁兹绘。

的傍晚时分，我们推着童车在楼下的小花园里散步，松鼠踏着落叶沙沙而来，觅了松果扭头噌噌爬回树上。走累了，老虎和小郎便坐在半尺厚的落叶里玩耍，夕阳从缝隙间斜斜地射进来，老虎一捧一捧地抱起落叶抛向天，光影斑斓……我坐在一旁望着他们，今夕是何夕，就让时间停在那里吧。

小郎第一学年结束之时，老虎终于独立迈出了人生的第一步。婴儿期里每个里程碑都慢别人三拍的他，随着这一步的到来，也摇摇晃晃地走进了自己的学步时代。我们住在顶楼三层，开放式走廊的木头楼梯踩上去发出闷实又可爱的声响，我牵着老虎的小手，一趟趟地上来下去。他两步一级，百走不厌，跟着自己的步伐，咯咯笑个不停，走累了就坐在台阶上歇歇。我也与他并排坐下，一起看远处树林里的风景，微风扑面而来，岁月静好的真意不觉间涌上心头。后来和老虎一起看《妈妈买绿豆》[1],其中有一帧画面,穿着红裙子的胖妈妈和她的小儿子坐在家门口的台阶上，一人捧一个小碗喝着刚刚熬好的绿豆汤，“哧溜——哧溜——”，晾衣绳上的衣服随风摇摆，我仿佛都能尝得到那绿豆汤的好滋味了呢。

老虎走稳之后，带着他一起散步便成了我和小郎最喜欢的事。老虎走在中间，一左一右牵着我们的手，每走上几步，总要腾空双脚，像只小猴一样，要我们拎着他跑，直跑到他放声大笑。某日傍

[1] 绘本《妈妈买绿豆》，曾阳晴著，万国华绘。

晚，雷雨过后，天空铺满火烧云，映得人脸也金灿灿的，路边的草木青翠葱茏，散着水汽芳香。小区里静悄悄的，偶有几个美国小伙儿牵着大狗跑步。老虎四处张望,绝不肯错过地上的任何一个小水坑，啪啪踩上去，泥点直溅到脑门，这才罢休。

我和小郎难得牵着手懒懒地走路，一悠一荡撞着肩膀，抿嘴偷笑，仿佛撞回到了昔日的大学校园。数不清的深夜，两个人从教室晃着出来，不忍回宿舍，绕一个大弯路，去街边买雪糕，再绕一个圈圈，借口去买面包，直耽搁到临近关门，宿管科的阿姨在门口扯起她的大嗓门……“砰”，老虎忽然折返回来，挥起小胳膊，嘴上带着音效，一刀斩断我和小郎牵着的手，拉起妈妈往一旁走，转身前还不忘在爸爸的大腿上狠拍下一巴掌。我和小郎哈哈笑起来，老虎出山，画风陡转，浪漫爱情片再也没得演了。

随着老虎能走会跳不再吵着要抱，白天三餐规律，夜里睡起整觉，我的身体状况也渐渐恢复如初。小郎经历了种种波折，也终于遂了心愿，拿到新一轮工作的offer。都说守得云开见月明，可在那暴风劲雨中，谁也不晓得自己究竟能撑到几时。有时不免觉得，共同抚养一个小婴儿的过程，仿佛夫妻关系的一场晋级考核，就算无法达到满分，双方也都该力争及格吧，弃赛而逃或是消极迎战总归不是上策。

有段日子，父母来美国小住一个月，我和小郎总算捞着机会甩开老虎了。恰逢学校有篮球赛，又是和宿敌学校的精彩大战，我们换上T恤衫牛仔裤，早早去场馆门口守着，吸着大杯的冰可乐，捧一桶齁儿甜的爆米花。比赛高潮迭起，我们也随着人浪阵阵高呼，澎湃青春激荡在场内的每个角落，如此的轻松畅快，当真久违了……赛后拉他去汉堡店吃炸鸡，见我大快朵颐，吃得十指流油，小郎啧啧地嫌弃，自己在一旁唠叨，说一年多没单独出来吃顿饭了，慢悠悠地来顿海鲜大餐多好，瞧这吃得火急火燎的。我说家里米面都没有了，赶紧吃完去对面中国超市囤点货去，正好在打折。小郎无奈地翻着白眼，又帮我撕开一盒酸辣酱汁……后来，每每忆及这一天，他总说我当初是想着省钱才不舍得去吃大龙虾，我嗯啊听着，懒得否定他。

我是一只悲观的蝎子，总觉得存在上帝那里的幸福积分是个有限的定额，唯恐快乐一朝享得饱满，他日便再无余欢。主动留一点遗憾，心里才落个踏实。他一个傻兮兮的理工男，懂个屁咧，随他挤对好了。

转眼小郎毕业，我们也将离开美国。关掉银行账户，终止手机合同，卖掉车子，退掉房子，大件家具打包存进车库留给即将赴美的学弟一家，与在美的新朋旧友告别。提着行李推门而入仿佛还是昨天的事，然而刹那间两年已过，临了又把那初到时的忙碌逆向经历了一番，好像一盘倒放的录影带。聚会一场接着一场，喝到酒酣之时，看着年近三十的一群大老爷们儿哭得跟伙孩子一样，不知被人抢去了什么。

临走的前一晚，老虎照旧在自己的小床上酣睡，我和小郎在客厅整理行李。两个恋旧的人，什么也不舍得丢下，纠结来纠结去，还是花了高价邮费运了五大箱没用的零碎回国。凌晨三点，总算可以收工了，房间里堆满大小箱包，我俩坐到阳台的小板凳上喘口气，霁风朗月，心头却翻出一丝苦涩来。脚边是一盆上个月种下的小番茄，如今已长成半米高，红红的结了十几个果。我摘下两颗，在T恤上蹭蹭，塞进他嘴里一颗。更深露重，恍惚间竟是最后一夜了。“明早等老虎醒了，我把婴儿床拆掉送到车库，也就差不多了，咱们中午出发。”小郎吐着烟圈，揉揉眼睛，“咳，要滚蛋喽！”

第二天一早，碧空如洗，临走前，朋友们来送行，为我们一家三口在800号的楼牌前合了张影。照片上的老虎靠在爸爸怀中，眼里还闪着泪花，因刚刚目睹了自己的小床被拆掉拖走而大哭一场。想这小家伙初到美国时，整日被放在提篮里拎来拎去，连翻身都还不会呢。如今叔叔阿姨们轮番过来抱他亲他，他也只是木然。

坐进车子里，最后望一眼304的阳台，空空荡荡。系好安全带，一脚油门驶出去，身后的日月即刻被打上两道永久封条，他日若想重启，也只能在梦里了。

“妈妈，草莓好甜哦，还想再吃一盘。”老虎不知何时走到身边，手里举着空盘子，衣襟上早已红迹点点。

“不怕肚子痛？”我伸手摸一把他圆鼓鼓挺着的小肚子。

“不怕！”他斩钉截铁。

“好吧，那就一次甜个痛快！”我起身走向厨房……

十月怀胎，一朝分娩，夜夜起身，日日拥抱，前后几年而已，女人却好像已把那万水千山走遍，从此有了慈悲为怀的底色。

小寿星，向前冲！

四月，气清景明，老虎即将满一周岁了。我提前在心里计划着，想在户外为他办一个小小的 birthday party。在美国住了大半年，参加过的大小派对早已数不胜数，年轻人也实在是爱热闹，有时三五包薯片、一盘水果、两份比萨、几瓶饮料，有时干脆各自从家里端去一盘菜，主人备下一些酒水，一大帮子人就被招呼去了，没人计较吃食的多寡好赖，反正能凑在一起嘻嘻哈哈混到深夜就挺好。亲近的几个朋友早早向我打听起老虎的生日，“怎么样，来个 party 吧！”“我们帮你张罗！”“礼物我都想好了，嘿嘿！”

全世界大概都一样吧，孩子的一周岁生日是一个小小家庭的盛大庆典，美国本就是小孩子的天堂，加之美国人的家庭观念又极强，因此，为宝贝庆贺生日自然是家中的一个大事件，怠慢不得。在我们生活的小镇上，中等规模的几家普通超市里，都会有一两排货架专门摆放筹备儿童生日派对的装饰品，大到充好气的各式卡通铝膜气球，小到五颜六色的创意蜡烛、动漫图案的一次性餐杯餐盘桌布、贺卡彩旗生日帽，应有尽有。我早早备了一箱在家，静待老虎生日的到来。

某个清早，小郎临出门前，看见我贴在冰箱上的购物清单，“牛排、羊排、猪排、鸡翅、虎皮虾、玉米、竹笋、金针菇、啤酒、红酒、可乐……”他一样样念下去，眉头越皱越紧，“我说，你确定这是给老虎开生日 party 吗？”

“是啊，有问题吗？”我转过头，与他定睛对视，尽量显得理直气壮。

“咋连个蛋糕都没有？看着都是你爱吃的呀。”他勉强憋住笑。

“哦？怎么会？”我迅速扫了一眼，连瓜子都写进去了，却当真没有“蛋糕”二字，“怎么搞的？明明记得写了呀。”然后心虚地一把拽下清单。

“啧啧啧，露馅儿了不是。”胜利者背起书包，昂首挺胸地出门了。

正是春光融融的好时节，小区的露天游泳池旁每日派对不断，烧烤台上不时飘来阵阵肉香，惹得我们摩拳擦掌。于是，馋嘴的妈妈就想假借儿子生日之名来一场美味又实惠的美式 BBQ，虽说老虎只有八颗牙，但总能啃上两口肉串吧。

蛋糕当然得有，我决意在 A4 纸上自己设计一个朴素的样式。想象着纯白的底子，中间一艘浅蓝线条勾勒的小帆船，船舷下一行黑色中文小字："老虎，向前冲！"于是，趁着小鬼睡下，我俯在桌前细致画来。待老虎午睡醒来，我便揣着草图，抱着他，得意地跑到一家冰激凌蛋糕店。胖胖的美国师傅看着那五个汉字不禁挑眉又挠头，一副为难状，随即又笑着说他一定尽力。

生日当天，我早早起来，蒸了一根胡萝卜和一小块南瓜，碾碎榨汁掺到面粉里，做了一碗红黄相间的手擀面。越是背井离乡，越是渴望循着老祖宗的那一套。我添两滴香油进去，又破例加了一丁点盐，端到老虎面前。"长寿面来啦！宝贝生日快乐哦！"老虎对生日一事没有概念，看到好吃的便开心，他抿一口在嘴里，似乎很快尝到了咸头，那是他往日里没有体验过的一点咸咸滋味。小家伙兴趣来了，哧溜哧溜，小胖手伸进碗里奔放起来。

临近午时，Lin 和 Hebe 来家里帮忙准备，小郎一人去超市采购食物。趁着老虎午睡，三个女生坐在客厅的地毯上开始为气球打气。谈笑间蓝白两色的气球渐渐铺满房间，红黄橙绿的被我充了氢气早已飘向天花板。胳膊酸麻的主妇三人站起来伸个懒腰，猛地环顾四周，"浪漫满屋哦""好久没见过这么多气球了""来杯咖啡歇歇吧"。平日里柴米油盐的思量顿时消隐，前途未卜的慌张感也不见了，我们仿佛被这彩色光影带回了久违的少女时代，那些心意藏在眉间、羞赧挂在嘴角的小时光。

这一天，老虎的午睡意外给力，我们充好了气球，又把条幅桌布彩带纸杯种种喜庆小物装箱准备就绪。待老虎醒来，我为他换上事先准备好的鸽子灰棉T恤，配一条浅湖蓝的薄裤。他来到客厅，瞪着满屋子的气球，呆住几秒，旋即朝着它们扑去。看看时间差不多了，“走！出发！”Hebe下令。于是，我们三个“美少女”扯着五十只气球，推着婴儿车，浩浩荡荡地奔向泳池。春雨过后，碧空如洗，微风迎面吹来，身后一片斑斓，我们伸开双臂，大喊一声“action”，自行闪进《飞屋环游记》！

好友们陆续到来，知道我们人手紧张，无不挽起袖子帮着张罗，洗水果、拌沙拉、挂横幅，小小场地很快欢腾起来。老虎和他的几个小伙伴坐在草地上，鼓着小腮帮子，互相咕咕嘎嘎地玩着生日吹龙。电视屏幕上滚动播放着老虎的照片，第一次抬起头，第一次独自坐稳，米粉糊黏了半张脸，光着小膀子吃蓝莓，第一次匍匐前进，第一次扶着栏杆站起来，番茄汁从衣襟一路染到膝盖，磕到额头咧嘴大哭停不下来……背景音乐是小野丽莎的*My boy*，“O wow, o yes, o joy, so joy right here in my arms, he looks at me, I can see he is showing all his charms……”

傍晚来临，灯光亮起，老虎被推到场地中央，叔叔阿姨们都围过来，等着为他唱生日歌。我抽掉蛋糕盒子上的红丝带，一艘小帆船缓缓驶出来，“哇哦！”看到船舷上清晰可辨的一行小字“老虎，向前冲！”大家大小惊叹。“Oh my god，美国人做的？”“这可是一笔一画的汉字啊！”“瞧这端庄劲儿，柔中带刚，有点儿《灵飞经》的意思啊！”我默默回想着昨日蛋糕师傅接单时的滑稽表情，心头忽然为今日这裱花笔里挤出的挺拔利落的汉字而深深感动。

小郎弯腰把一个奶黄色的“1”插在船帆之上，烛光闪烁，朋友们起哄小郎，“Speech!”他嘿嘿地笑，缓缓站直。我料他不过简短讲几句“感谢大家来捧场,吃好玩好”之类的欢迎辞令,怎知他举起酒杯，忽然动了真情，竟娓娓道出一番心底的话，惹得大家一径向我看来。我最受不得别人注目,下意识扭过身子,捂住嘴巴,登时哭红了眼……

“来吧，咱们给小寿星唱生日歌！”大家又凑近了几步，把小不点围拢在正中间，“Happy birthday to you，happy birthday to you……”歌声欢畅，大家纷纷把祝福抛给这愣头愣脑还咬着奶嘴的小家伙。生命有多么动人，做了母亲才知道。十月怀胎，一朝分娩，夜夜起身，日日拥抱，前后两年而已，女人却好像已把那万水千山走遍，从此有了慈悲为怀的底色。瞧！我把他养活了，厉害吧！看他壮实得多像一头小牛！一股饲养员般的自豪感顿时充盈了心胸。我在心里默默为自己鼓掌，猜想此刻自己的头顶上一定转着一圈小小的光环，微弱却圆满。

“来来来！宝贝准备抓周了啊！”烤肉和蛋糕吃得差不多了，大家放下手中的盘叉和酒杯，又一次聚拢过来。记得书上说，古时皇家抓周会陈玉扇坠二枚、金匙一件、银盒一圆、犀钟一棒、文房一件、果筵一席。寻常百姓家则通常摆一桌饮食、官诰、笔砚、算秤等经卷针线应用之物。呵，古人哪里能料到，今日宝贝抓周已是对着一地的鼠标、iPad、车钥匙、信用卡、麦克风，古人若是穿越而来，料他把眼珠子瞪出来也猜不出这都是些什么鬼。

小郎从纸袋里拿出我事先备下的六样东西，一支笔、一个饭勺、一盒水彩、一把尺子、一本琴谱、一双小鞋子，依次摆好在老虎面前。老虎揉揉眼睛，似乎没有伸手的意思，平时这个时段，他已经洗澡上床了，料他此刻也有些困倦了吧。我们安静地等着，急切想知道老虎的人生志向，老虎欠了下身子，我们即刻伸长脖子，他却砰一下又坐回去了。

“妈妈准备的这些东西太土气了，来，叔叔给拿一个。”小郎的好哥们儿打趣着从兜里翻出一把车钥匙，“做个赛车手！”“阿姨也摆一个！喏，时尚教主！”漂亮的 Cindy 从脖颈卸下一串长链，摁到桌上。老虎呆呆看着，不为所动，还打了一个长长的呵欠，大家顿时哭笑不得。

这时，忽见老虎眨巴两下眼睛，目光一下子坚定了，我们顺着望过去，不知谁偷偷摆了张 20 美金的面钞在桌上。眼见着老虎伸出小胖手，把挡在前面的尺子拨弄走，一手抓起美金，咯咯笑了。一圈子大人乐开了花，“老虎果然是向钱冲啊！”“妈妈有远见啊！”“小郎总，苟富贵，勿相忘！”……叔叔阿姨们越扯越邪乎，老虎左右晃着小脑袋瓜，看看这个，再看看那个，讨好似的，跟着嘿嘿地笑了。

Party 结束时，天已擦黑，陆续送走友人，我和小郎静静地开始收拾残局，老虎已在旁边的婴儿车里睡熟，车底的篮筐里塞满了叔叔阿姨们送来的礼物。我们把一次性餐具通通扔掉，花里胡哨的各种装饰一一折好，没吃完的果盘甜品打包带走，大体清理干净，我和小郎准备回家。“喏，还有这些气球，多漂亮，等着。”小郎笑着跑向泳池旁的喷泉，手伸进水里，一点点解开绳子，转过身，五彩缤纷地走回来，“妈妈真是辛苦啦！”我接过气球，绑在婴儿车的推手上，“你刚说谁辛苦？”小郎一瞪眼，急急地改口，“美少女辛苦，美少女辛苦。”

夜色温柔，我们推着婴儿车，绕过泳池，穿过花园，缓缓向着家的方向走去，美梦悬在头顶，随风飘摇。

“说真的，你刚刚希望老虎抓到什么？”小郎开口。

“你猜！”

“饭勺对不对？你个吃货，肯定盼他将来当个厨子，每天给你做好吃的！”他一脸笃定。

“鞋子啦，笨蛋！”我伸手摸一把纸袋，“就活这一场，多走走看看嘛！”

“嗯……也要买得起机票才行啊，美金好，还是美金好，哈哈哈……”财迷笑得称心如意。

我眼见着老虎对我的依赖一天天在减少，

我想我终于可以读懂纪伯伦的那首《孩子》了：

你们的孩子，其实都不是你们的孩子，

乃是生命为自己所渴望的儿女。

他们是借你们而来，却不是从你们而来，

他们虽和你们同在，却不属于你们……

他们虽和你们同在，却不属于你们

老虎是个觉很少的孩子，从出生起，就很少睡过七点钟，一直像个勤劳的农家小哥，日出而作（zuō）。记忆里，他还不会走路的时候，我常常在拂晓时分便感觉到睡在身旁的那个小肉球一个翻身坐起来，黑暗中咿咿呀呀地亮开了嗓。我若装傻不睁眼，稍后必有一个小拳头挥过来。那大概是一天中最痛苦的时刻吧，妈妈总要过了凌晨才舍得爬上床，梦里游山逛水刚刚得了点安慰，忽然被娃一记直拳打回残酷时空。

我拉过老虎入怀，黑暗中撩起衣衫，盼着喂上一顿奶，他能顺势睡个回笼觉。结果常常事与愿违，小爷喝了个痛快，嗓门反倒变得更大声。妈妈不肯妥协，闭着眼立即启动 Plan B，一脚踹响挂在床尾的音乐盒，再随手把苏菲小鹿塞给他。偶尔运气好，他能乖乖玩上三五分钟，待我再睁眼时，他独自坐在婴儿床的一角，嘴里啃着小鹿蹄子，吧唧吧唧。

偶尔毕竟是偶尔，大多数时候，就算 Plan C 都用上，老虎还是死也不肯再倒下的，我若再想敷衍，哭声可就真的起了。于是，借着透进窗帘的微微晨光，我睡眼惺忪地坐起来，从枕头底下摸出一个新的纸尿布，换下他身上鼓鼓的大包，然后半梦半醒之中晃荡着抱他下床，走向客厅，搬出昨夜刚刚整理好的玩具箱，掀开纸盖子，一起迎接叮咣乱响的全新一天。

良宵苦短，晨梦千金，只要老虎在我身边睡着，便总觉得房间里像埋着一颗雷，爆不爆，何时爆，全看小鬼的心情。我以为自己被他绑架的日子，恐怕是绵绵无绝期了。老虎一天天长大，会走会跑了，小马脱缰的架势竟也越来越明显了。原来，那恋母情结的预判似乎只是我一厢情愿的妄断呀。

在他两岁左右的某个清早，听到他从床上爬起来叫妈妈，我嘴里答应着“马上马上”，人却一个翻身又睡过去了。肚子里怀着茉莉，总也睡不饱似的，反应也迟钝了好多。不知睡了多久，忽然恍惚中觉得哪里不对，一个激灵坐起来，老虎已不在身边了！

我慌慌张张地冲出卧房，“老虎！老虎！”只见客厅的一角，他一个人坐在摇摇马上，正安安静静地前后晃着。见妈妈出来了，他的小身板瞬间在马上定住，也许是被妈妈披头散发大睡袍的女鬼造型吓到了。我迅即环顾四周，一筐玩偶都被掏了出来，彩色积木块散在地毯各处，连奶牛沙发也被换了位置。老天爷，这小不点儿竟一个人玩了这么久都没来找妈妈？我怔在那儿，一边在自责后怕，怕他乱摸乱碰再吞了什么奇怪东西到嘴巴里，一边又忍不住暗自生出几分失落，他真的不需要妈妈了？

再后来，茉莉出生，老虎经历了很长的一段适应期。那段日子，我们住在父母家，我给他临时布置了一个自己的小房间，棕色的单人床，海洋图案的被褥，长颈鹿小夜灯。三岁的老虎已不再尿床，且极少起夜，完全有能力独立睡了。我不忍说出内心的渴求，怕他觉得自己是因为妹妹的到来才被赶出妈妈的房间，心里却又真实地盼着他能主动过去睡，好让我夜里能稍稍轻省些。可小家伙偏偏就要睡在我身边，我也只好被他们兄妹俩一左一右夹在中间，想翻个身都难。

有一次，临睡前，也不知老虎想到了什么，竟真的抱着自己的小枕头去到了自己的房间，姥姥陪着他在房间里聊天讲故事，我远远听着，一边给茉莉喂奶，一边在心中窃喜，觉得今夜似乎有戏，八成他要鼓起勇气独睡了。

时针缓缓指向十点，老虎那边似也安静了，不久，姥姥从他房间出来，冲我点点头，看来是真的睡着了。我长舒一口气，松开头绳躺到枕头上，真是值得纪念的一晚啊，终于甩掉了一个小包袱，我不觉伸开手脚，摆了一个夸张的海星睡姿，祈祷老天能赐一场香甜美梦……

翻转了不知几个来回，我竟然怎么也睡不着。奇怪，怎么觉得空荡荡的？老虎他自己睡得还好吗？有没有蹬被子啊？第一次呢……不行，我得亲自过去看看，正准备起身下床，忽然，卧房的门开了，老虎怀里抱着他的小枕头，站在门口怯怯地说："妈妈，我睡不着，想回来。""来来来！快上来！"我哑着嗓子，赶紧接过他的小枕头，放到自己的枕头旁边。他爬上床，搂住我的胳膊，很快就闭眼了。我感到，自己的眼泪滑过眼角。

接下来的一段日子，他依旧常常抱着自己的小枕头跑去小房间，信誓旦旦地说要独自睡在那儿，结果关掉灯，安静了没多久，又颠儿颠儿回来找妈妈了。荞麦壳灌注的小枕头，抱在他怀里，走起路来撞着膝盖沙沙地响。我闭着眼，等那沙沙声由远及近。后来，他主动提出说："妈妈，等我睡着后，把我抱到自己的房间吧。"我答应他，等他在身边睡熟，便抱他过去。有时，下半夜四五点钟的样子，他揉着眼睛走进我的房间，什么也不说，悄悄爬上来，挤到我旁边，躺下即刻又睡了，两条小腿还在床外耷拉着。醒来自己还颇纳闷，"妈妈，我怎么会在这儿？不是让你给我抱过去的吗？嘿！奇怪。"

我想，或许是源于心底那份渴望长大、渴望变强壮的生命力吧，小男孩仍旧抱着他的小枕头，在夜幕降临之际一次次挑战自己。终于，几周后的某个晚上，老虎抱着小枕头过去，没有再回来，他真的在自己的房间睡了个一夜到天亮。

转眼老虎四岁了，夏天，我带着他和茉莉回老家避暑，每天一大家子人凑在一起，好不热闹。老虎和我的舅妈特别投缘，一整天围着人家打转。舅妈和气爱笑，变着法儿逗他开心，还蒸了好香的一笼酱肉包。临到晚间,老虎忽然说想跟着舅姥姥回她家住。我笑说："好啊，舅姥姥同意就可以啊。"大伙儿都知道他平时黏我黏得厉害，哪里会真舍得下妈妈跟人走，便以为他说着玩，谁也没当真。怎知夜深了，舅妈真的穿鞋要走时，老虎忽然蹿起来，生怕被撇下似的，立马也换上自己的鞋子，拉住舅妈的手，巴巴抬头望着。

"儿子，你真的要跟着去住？"我好生惊讶，他长这么大，还从没离开我在别人家睡过。

"嗯，妈妈你过几天去接我啊！"还过几天？这臭小子看来是真的不要妈妈了。他说着，拉起舅姥姥的手就去开门，好像生怕妈妈变卦他就去不成了。

舅妈连说欢迎欢迎，还没反应过来，便被他拽着下了楼，我赶紧换了鞋子追出去。舅舅身体不好，本就离不开家人的照顾，何况舅妈也是五十几岁的人了，张罗一天饭菜，还没得空坐会儿，哪里受得住这么个泼皮小子跟回家里乱跳，夜里若是再嚷着回来，岂不要折腾死人家？

"妈妈，你快回去吧，快回去！"老虎急了，眼里的小泪花都闪出来了。

“儿子，你晚上不想妈妈吗？妈妈会想你的呀！”整天嚷嚷他烦，却从来没被他甩开过，他执意要走，我立马现了原形。

“我不想你，你要是想我，明天来接我吧。”老虎忽然停住脚步，像是想起什么，转过头来，“妈妈，你……会来接我吧？你接我，好不好？”

“没事，老虎挺乖的，住一晚呗，明天我给他送回来。”舅妈心中纵有为难，也愿意成全孩子的要求。

我故作镇定，强忍着眼泪，情急之下各种下下策的招数一股脑都使出来了。“舅姥姥明天一早要出门，可说不定什么时候回来哦。”“你夜里要是想妈妈,妈妈可真的过不去啊。”“跟妈妈回去看《超级飞侠》吧，咱连看两集！”“明天去游乐场玩碰碰车，钓鱼，中午吃比萨！”“这样吧，妈给买根儿雪糕去，咱现在就去，不给妹妹吃。”老虎看着我跟机关枪一样突突突喷出这一匣子话来，眼睛不停地眨，似乎一时也没了主意。安静了一会儿，只见他握着舅姥姥的手缓缓松开了，脚底蹭着地，一步一步蹭回我的身边来。

呼！我和舅妈似乎都松了一口气。送走长辈，我牵起他的小手慢慢往回走，凉风习习，街边的烧烤摊陆续支起来了，几个光着膀子戴着金链的大叔正举着啤酒瓶子称兄道弟。

“妈妈，他们怎么不穿衣服？”老虎好奇地盯着看，好像一秒钟便把刚刚嚷着跟舅姥姥回家的事扔到一边了。

“咳，凉快呗。”我拽回了儿子，心情却仍复杂。

“妈妈，我能吃个羊肉串吗？”老虎闻到肉香，顿时起了新念头。

“啊？这不太干……行，来两串吧。”

我眼见着老虎对我的依赖一天天在减少。五岁，他似乎已经有了自己固定的一套晨间活动，清早起床懒得再来吵我了。我隐隐听到他自己去卫生间开灯尿尿，然后回到客厅翻腾出些玩具，有时会从抽屉里掏一双袜子出来，自己换好轮滑鞋，在客厅里来回绕圈，有时翻开图画本，兴致勃勃地画上几张飞机坦克，有时又跑去练琴，当当砸下几个音，知道声音太响，赶紧低头卡住中间的踏板，再坐回去继续弹。我伸着懒腰出来，见他总有的忙，倒杯温水给他，便去张罗早饭了。

立秋那天傍晚，吃过饺子，我陪他去小花园里骑车。绕一圈大概两三百米的样子吧，他坚持要我站在原地等他回来，绝不可以跟在后面。我虽不大放心，还是答应了下来，于是，小男生正了正头盔，握紧双把，一踩脚蹬，“嗖”地一下便冲出去了。花园里枝繁叶茂，有近一半的车程，我根本寻不见他的身影，我踮着脚左右张望，刚见那红色头盔从树影间冒出来，还来不及舒一口气，那一点红又悠然消失在下一片树影间了。每次他在户外游玩，混在陌生人群里，我远远望过去，才忽觉他原来仍只是小小的一个娃，只有那么一点点大，于是，他那些平日里惹人气恼的举动，故意耍弄的臭脾气便在我的脑中自动过滤掉了。完成一圈的骑行，老虎摁着响铃，笑着骑回我的身边，“妈妈，我厉不厉害？”停下不足三秒钟，还没等我说出一番赞美，只见他噌一脚踩下去，又出发了……

我想我终于可以读懂纪伯伦的那首《孩子》[1]了：

你们的孩子，其实都不是你们的孩子，

乃是生命为自己所渴望的儿女。

他们是借你们而来，却不是从你们而来，

他们虽和你们同在，却不属于你们……

〔1〕见黎巴嫩诗人纪伯伦的诗歌《孩子》，本文中的引用选自冰心的译本。

我每天陪着他晒太阳，一路走走停停始终守在他的身后，心事起伏唯有自己知晓，或许如迷宫般幽深，如梅子般酸甜，抑或纷繁交错如同管弦乐队在排练，可每当我俯下身来与他清澈的眸子相对时，脱口而出的却总是那句：“宝贝，咱们多晒晒太阳长高高哦！”

晒晒太阳长高高

我顶讨厌晒太阳。记得中考后的那个夏天，尘埃落定后，两个要好的同班姐妹，一个即将赴省城读财会中专，一个考入郊区的师范学校去学音乐，她们都要住校了，只有我升入家附近的重点高中继续走读。打小就一直同校同班，上下学一起走了九年，十五岁面对别离这件事，没有更多的心思，只想趁着暑假，每天黏在一起。

故乡的那个夏天好热啊，三个柴火妞找地方四处闲逛，挽着手臂走在热辣的日头下，拼命想长大。我们在公园里花三块钱找老先生算命，在露天的旱冰场接龙绕圈，在游泳池门口的台阶上咬着两截的棒冰，整整一个八月，我好像一直活在街上似的，记忆中很快活，也很压抑。临近九月，她们相继离开。

90年代中期，小城里还没见过防晒霜，更没有撑阳伞一说，在街头混了一个月，我晒成了紫外线过敏，此后皮肤在烈日下稍久些，便会起红发痒。遥远的那个夏天，留在脑中的尽是灼热。

年纪翻了一番，老虎来到身边，推着他到户外晒太阳成了每日必做的功课。在那个美国东部的清宁小镇，一年中至少有三百个艳阳高照的好天气，我便更没有偷懒在家的理由了。宝贝需要接受阳光的照射，骨骼才能健康发育，在这件小事上，全世界口径一致，那么好，晒就晒吧。

老虎还不会走路时，我常常抱他在小区的露天泳池旁闲坐，挑几样喜欢的玩具带着，放他在一张温暖的大躺椅上玩耍。小镇的阳光真是慷慨哦，若是赶上草木刚刚被修剪过，沁人的清香一早飘进屋子，若不赶紧出来走走好像真的会内疚。泳池旁是一处小小的游乐场，虽然只是一个简单的滑梯组合配几张长宽木椅，却是宝贝们户外玩耍的必来之地，更是各国陪读妈妈们交友聊天排遣寂寞的好地方。那时，泳池旁总能见到一个美国家庭，十岁左右的女儿高位截瘫，靠躺在一张特殊的轮椅上，爸爸妈妈坐在她左右，陪她晒太阳，彼此小声聊着天，不时笑笑，看上去蛮和睦的一家人。

然而，热闹只是偶尔，出来一个钟头若是能遇得到三两个孩子便算得上欢聚了，大多数时候，唯有我和老虎母子二人，安静地坐在某处阳光下，他手里拨弄着响铃玩具，我握一大杯美式咖啡守在旁边。玩具掉到地上，我俯身捡起来递给他，他觉得好玩，故意再扔出去，我重新弯腰去捡，直到他乐够了为止。

空无一人时，便忍不住和他聊起天来，像对着一个新结识的小伙伴。起初蜻蜓点水，随口讲几个好笑的段子，他咿呀，他发呆，似乎并不排斥。暖阳铺洒，静谧的时日太多了，心情极度放松之下，我渐渐打开话匣，真人真事循序登场，妈妈从前是什么样子，做过哪些蠢事，遇到过怎样的奇葩，念了哪里的书，又接过什么样的工作……我早他三十年来到这个世界，中规中矩地缓慢长大，比起他崭新的耳目，留在我身体里的观感已有些许堆积，当我试图拎出其中某个部分时,已能感觉到随手抖落出的薄薄尘埃。老虎通常不看我，手里摆弄着自己的小车，一副完全不在意的样子，却总会在我忽然住口之时又立即抬头看我，半张着嘴巴，清澈的眸子似乎在发问:“妈妈，然后呢？”

当然要拣些有趣的小事讲，我生怕那些冗长如流水账式的日常会让初来乍到的他觉得人世间好无聊。可越讲越觉得吊诡，明明那么努力地去生活，怎么可圈可点的好玩故事竟少得可怜？三讲两讲便不自觉地开始重复了。于是,讲着讲着,虚构的部分愈加多起来,“小时候，妈妈真的是无敌学霸哦”“你根本不知道有多少男生为我打过架呢”“小人雪糕好吃到你想哭，唉，你是尝不到咯”“你懂大雪皑皑是什么样吗？讲真，清早起来，门都推不开！”……

有时，会把老虎讲得咯咯笑起来，想必他享受的是我叙事之外故意发出的各种古怪声响，或是眉飞色舞间传递出来的欢乐气氛。有时，他也会听着听着便烦起来，抓耳挠腮，左右不是，看看时间，果然已晒足大半个钟头，阳光开始热辣起来，他该回家补个小觉了，妈妈需识趣住口，抱起宝贝走人。某次，我讲起自己小时候在学校受了天大的委屈却又无人倾诉的往事，内心如何冰凉而恐惧，情动之时，眼泪不禁在眼眶里打转。这时，老虎忽然哇地一声哭出来，我顿时觉得传说中的母子连心真是一点不假，小奶娃也能体会到妈妈的痛苦和不易啊。我赶紧伸手去抱他，呃……一阵怪怪的味道飘出来，我的天，尿布里热气腾腾，屎尿各一大泡，啧啧，赶紧把他放倒，掏出湿巾和隔尿垫来……收起尴尬的泪花，幸好周围没人哦。

老虎会走路了，泳池会话节目也随之收官，他开始去旁边的小滑梯那儿寻觅自己的同类了。印度娃、巴西娃、日韩娃、美国娃，看在他的眼里，都是可以一起玩耍的小伙伴。宝贝们互相打量，又互不言语，貌似各玩各的，却又悄悄瞄着彼此，心下仿佛在说："嗯，大家都在就好，谁也别走开啊。"果然，一个转身离开，另一个也想跟着走，一个跑去吃饼干，另一个也跑到自己妈妈那里伸手。妈妈们一起聊天时都操着半生不熟的英文，往往过于热情和礼貌，见自己的宝贝跑来，便即刻扳回到舒服自在的母语频道，无论哪一种语言，从母亲和孩子的嘴里流出来，叽叽咕咕的，听来甜蜜又俏皮。我常忍不住退远两步，置身事外，欣赏这阳光下美好的小全景，人事草木皆无忧，仿佛儿时手中的水晶球。

直到今天，我仍会偶尔想起那些带着老虎晒太阳的小时光。早春的日光下，婴儿车里的他乖乖平躺；夏去秋来，他竟能独立坐稳了；冬日暖阳里，他奋而起身，决心从此站立；待到樱花满枝头，他终于迈出人生的第一步了；初夏的晨风又吹来，某天，他突然撒开腿，一个人痛痛快快地跑进阳光里自寻玩伴去了，你再也抓他不回……我每天陪着他晒太阳，一路走走停停始终守在他的身后，心事起伏唯有自己知晓，或许如迷宫般幽深，如梅子般酸甜，抑或纷繁交错如同管弦乐队在排练，可每当我俯下身来与他清澈的眸子相对时，脱口而出的却总是那句："宝贝，咱们多晒晒太阳长高高哦！"

离开美国，辗转落脚上海，老虎入园，茉莉一天天长大，帷幕降落又拉起，剧情悄然走进了下一幕。晒太阳一事仍要继续，虽然遮阳帽和防晒露早已成了我包里的日常配备，但脸上还是添了好些恼人的雀斑。每天把老虎送到幼儿园，我便赶紧推着茉莉去家附近的公园里晒太阳。回到国内，处处人声鼎沸，大家都在快步疾行，哪怕是公园里遛弯散步的老人们。我自觉推车走路的速度也加快了好多。

上午的公园好热闹，带着茉莉走一圈下来，像是逛了一场庙会。跳舞的阿姨们占了大半，各有自己的领地，沿途还有抖空竹的瘦削老人，唱红歌的夕阳合唱队，拉二胡唱京戏的民间团体，操练拍打神功的大叔大婶，打牌聊天的老烟枪们，还有几位提着大杆毛笔和水桶，横在路面上写字的书法家，"望长城内外，惟余莽莽；大河上下，顿失滔滔”。除去老年组的固定阵地，满公园奔走和玩耍的就是来晒太阳的孩子们了，各个元气十足，虎虎有生气。

“哟，你家宝贝枕秃，补钙了吗？”“你们夜里还吃奶吗？”“你们奶粉喝哪里的，新西兰还是德国？”“你家宝宝去游泳了吗？”“她会爬了吗？”“你上班吗？”“谁帮你带孩子？”“你们报早教班了没？”……一趟公园回来，我常觉得口干舌燥，推车里不知何时被塞进了各种广告宣传页，幼儿英语，宝宝写真，母婴生活馆，产后瑜伽。商家无孔不入，家长生怕孩子会输，本来生养宝宝是件快乐而私人的事，怎么突然之间像被卷进了某项竞赛？

回国之后，常有友人向我打听国外妈妈如何带娃，似乎大家都默认，在教养孩子这件事上，欧美妈妈们拥有更多的方法论，她们“套路”清晰，善于应对孩子身上出现的各种状况。的确，在儿童心理学和亲子关系研究方面，欧美的起步比较早，很多儿科医生和心理学教授们十几二十年前编写的育儿指导，至今仍在全球畅销，不断修订再版。然而，就我有限的观察而言，在互联网如此发达的今天，对于收入相对稳定的多数中产群体来说，无论生活在哪个国家，只要大环境和平安定，井然有序，年轻妈妈们的育儿理念其实并不像想象中有那么大的差距。一个受过良好教育，有独立思考能力和自省精神的中国妈妈在生养孩子的问题上，无论是对宝贝衣食住行的日常安排，还是关乎基本品质和良好性格的培养，我深信她考虑问题的周全程度，刚柔并济的尺度拿捏，绝不逊色于欧美国家里同等背景下的母亲们。

然而，在国内做妈妈，单单自己做好还不够，还要抵御很多源自外部的焦虑，走在路上担心孩子被拐跑，买奶粉得预估好清关时间，生病就医要做好排队五小时的准备，冬天一到就得想方设法说服宝宝戴口罩……这些西方妈妈们听来或许觉得荒诞可笑的情节，却无一不关乎孩子的基本生存问题，且实实在在地折磨着我们的神经。

去公园的次数多了，便觉察出一二。妈妈们单独带出来的宝贝，大多穿戴稍稍讲究些，婴儿车里应有尽有，有的妈妈活泼，一路陪着宝贝说话，也愿意和人攀谈；有的则文静些，眼睛跟着自家宝贝，不声不响地陪伴。有的身材依然苗条，神清气爽；有的尚在恢复期，大摆衣衫遮着肚腩。妈妈们大多具备天然的分寸感，彼此聊起来，倾吐总是点到为止，却从不吝啬夸赞对方的宝贝“好可爱”。告别之时，约着明天再见，而后推起自家的婴儿车，从容离开，若是他处偶又相逢，点头笑笑，默契地擦身而过。妈妈的脸上大都挂着几分疲惫，最大的安慰便是宝贝能在推车里尽早安睡，妈妈赶紧打开手机，随便浏览些什么，或是放空发个呆，好和自己的另一个世界重建关联，公园里熙熙攘攘，其实她看什么都无感，这样的神情和状态，在世界各地不少国家的妈妈脸上都似曾相识呢。

公园里，妈妈亲自带出来玩的宝贝毕竟是少数，大多还是由外公外婆和爷爷奶奶们带着，相比之下，老人家带娃线条就粗一些了。宝贝浑身上下各式实用混搭，标配常常是一件开裆裤和一条口水巾。

上了年纪自然怕冷，秋冬时节放眼望去，孩子被裹成粽子状的大都是长辈们带出来的。老人们体力有限，抱娃儿稍久些就吃力得很，若赶上宝贝的学步期，要一直弯腰牵着他的小手，真真是难为了他们，很是让人心疼。长辈们通常有自己的圈子，月龄相仿的宝贝们凑在一起晒太阳，他们也好围坐着聊聊天，住在儿女家总归是憋闷，难得出来透口气。家长里短是永恒的话题，抱怨是免不了的，可说起来也都是心疼自家的小孩，才甘愿出手隔辈相助。有时路过，听闻他们言语中好羡慕那些退了休可以去旅行的同龄人，他们也在心里盼着，再熬些日子，孙儿上了幼儿园，自己也能松快些了。

也许这是我们无法回避的一部分现实吧，在一个家庭内部，若是有长辈参与到育儿一事中来，无论是主动还是被动，问题时常会变得有些复杂难解。毕竟，在育儿观方面能坚持与时俱进的长辈难占多数，通常她们各持一套所谓亲验有效的传统带娃宝典，轻易撼动不得。而新一代的年轻妈妈大都坚定不移地照书喂养，由此，摩擦一旦出现，便很容易出现双方互不妥协，甚至三方各执一词而后两两撞击的情况，妈妈在育儿一事上本应拥有的至高地位也因此受到挑战。有时，在争执中，一些上下几十年无关育儿的人情是非也一桩桩被牵扯出来，弄得一大家子鸡飞狗跳，苦不堪言。

想起之前在美国，几乎没见过哪个长辈肯常驻儿女家专职负责带娃的，若是小两口恰好与长辈生活在同一个城市，老人时间充裕，身体状况又良好，或许会抽空来帮忙照看一眼。而多数情况下，妈妈若是选择继续回公司工作，休完产假要么雇请保姆要么早早把小baby送进daycare（日托）。那是两不相欠的家庭结构，界限分明，权责清晰，倒也相安无事。在这一点上，我们家歪打正着，貌似走了条比较“西式”的路。虽然我和小郎一路颠簸艰辛，日子总过得皱皱巴巴，我却拥有一个慷慨善良的妈妈，在我有需要的时候倾力相助，且从不挑剔我的育儿方式甚至从不插手我的私人生活，还有一位理性智慧的婆婆，她对我百分百的信任和尊重，使我免去了那些无谓的千思百量和精神内耗。

总之，茉莉在上海的两年间，好像每天都生活在张灯结彩的气氛里，只要出了门，满眼都是人，哪里都新奇，她根本看不过来。妹妹不曾经历哥哥那些日复一日宁静甚或有些寂寥的户外时光，她自出生起便开始感受这个世界的热闹和蓬勃，偶尔又近乎混乱和疯狂。我不免好奇，环境截然不同的两年时间，会在他们各自的心头埋下怎样的种子呢?

后来，我们举家返京，茉莉也进了幼儿园，我终于可以躲开每天的日头了。

前些日子，小郎提议假期去海边玩几天，他指望着宝贝们能乖乖在海滩上挖挖沙子，赤脚跑跑，他也好躺在摇椅上安心晒晒太阳。我连地点都没问，便一口回绝了，晒了五年的太阳，我觉得自己一辈子的钙量都补足了，余生，就让我安静地活在阴影里吧。我开玩笑说以后得了空，也要写一本小书，《当我谈晒太阳时我谈些什么》。

小郎坏笑："人家村上春树跑了二十几年，才写下那本书，你还差得远呢，要不要考虑再生几个？攒攒经验才有的说。"见我目露凶光，他即刻改口，"现在是淡季，机票价格低，真心划算啊，您日理万机，也需要放松放松不是……"

PART 3

小身体，大能量

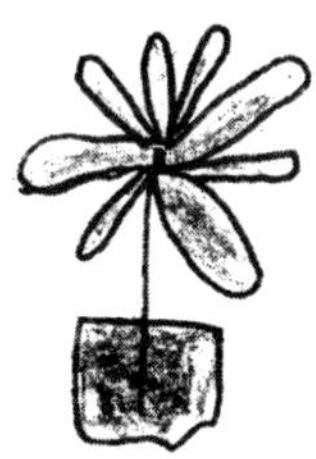

孩子对于陌生事物的恐惧多半源于首次接触时留下的“坏”印象。若是当初我能轻松理性地传递给他正面的体验和观念，先一步为他摒除未知带来的恐惧，或许他对牙医的抵触就不会来得这般猛烈了吧。

老虎怕怕，牙医怕怕

三岁七个月时，老虎的嘴巴里出现了第一颗蛀牙，小米粒大小的黑斑点，在右下第一颗乳磨牙的位置。我哄他去看牙医，他头摇得跟拨浪鼓一般。也难怪，之前给他讲《鳄鱼怕怕，牙医怕怕》[1]的绘本，见他觉得好笑，我便愈加夸张，现身说法塞进好些桥段，牙钻一响如何吓得人浑身颤抖，牙齿发炎腮帮子里像塞进一个奶黄包，拔牙时小锤子敲得整颗脑仁嗡嗡响，等等。老虎听来新奇，三番五次央讨我讲，后来索性扔开绘本，“妈妈，把你看牙医的事再讲一遍！”

〔1〕绘本《鳄鱼怕怕，牙医怕怕》，（日）五味太郎著。

寂寞主妇大概太需要一个舞台了，顿时失了远见，万一哪天小鬼牙齿保护不当，也难逃拜见牙医的境遇啊。于是，醒木一敲风雷动，猪脑子的妈妈越讲越 high，后来竟开始一人分饰两角，在恐惧的患者和冷酷的牙医之间顺畅切换。戏份越加越多，最后恨不能从“我”迈进牙医诊所腿便打颤的那一刻讲起。本意是要他体会到保护牙齿的重要性，结果因为自己表演型人格的短暂释放而使整件事情越来越偏离初衷。

老虎逃不掉看牙的噩运，猪妈妈只好正面应对，于是硬着头皮，生生给自己的《龋齿少女补牙记》加了一部续集，“妈妈上个月去看牙，哇，真是划时代的进步啊，完全不痛呢……”我细细讲给老虎听，如今牙医诊所设备如何发达，牙医态度如何 nice，连表麻的膏体都是草莓味的。本期待着如此补救一番，老虎会乖乖就范，谁知他的脑袋瓜仍旧摇得拨浪鼓一般……大概是第一部里女主演技过于浮夸，导致某些残忍的画面深深嵌进了小鬼的脑子里。唉，猪妈妈真是给自己挖了好大的一个坑哦。

三拖两拽，还是哄他进了家门口那间牙医诊所的大门，还没张开嘴，老虎的眼泪就噼里啪啦地往下掉。女医生勉强检查了一下，见老虎丝毫没有配合的意思，便建议我们再等上个把月，严密监控，注意口腔卫生，然后满四岁再来。依照她的经验，两三岁的孩子除非做个全麻，否则很难完成修补，可单为一颗蛀牙而冒全麻的风险又显然不明智。老虎听出个大概，知道暂时可以逃过此劫，眼泪瞬时就止住了。

走回到家门口，碰见邻居白奶奶，看老虎一脸不痛快，便问起缘由来。听说我要给他治牙，诧异极了，老太太快人快语：“哎哟，遭那罪，没几年就换牙了。”我说他坏掉的是乳磨牙，至少得用到十岁，白奶奶背起手，头一歪，“现在这孩子，吃的东西里都有激素，哪用等那么久，我看五六岁就得换了，只要他自己不觉着疼，何必受那罪啊，你看我这牙透风有七八年了，我可打怵去看了呢，哎哟看牙那个烦啊……”说着，白奶奶抽起嘴巴一吱溜，我都替她觉出酸疼了。

后来的事实证明，我犯了不止一重错：一、没管好老虎的牙；二、讲故事自由发挥适得其反；三、没有进一步咨询专业的儿童牙医，其实3岁半的孩子遇上经验丰富的医生，完全可以配合治疗。总之，我的疏忽导致他半年后再次走进牙医诊所时，蛀牙已从一颗迅速发展成五颗。

老虎知道这一回没的逃了，先是故意蹦蹦跳跳嘴里不停嘀咕着给自己打气，又对着各种设备左摸摸右按按，吐着舌头问东问西。临到需要他躺上诊疗床时，他忽然又说要去厕所拉大便。关起门，坐在马桶上迟迟不肯下来，说自己屁股里正亮着60秒红灯，要我站在旁边数数等他。挨到最后他见没有再躲的道理了，便眼泪汪汪地提了个小要求：“妈妈，我想要一个女医生，温柔的。”我哭笑不得，“哟，还真是你爹的儿子，放心吧，咱们找个最温柔的。”

拍好X光片，超友善的女医生开始对着片子向我报价：“您看，我们这儿补牙的价位按照龋洞的大小收费，浅龋 480 元，中龋 680 元，深龋 880 元，那如果碰到神经需要做根管治疗的话就是每颗牙齿 2000 元起。您孩子的牙我现在初步判断应该至少都是中龋的程度哦，那这一颗您自己看，肯定是要拔除，然后放一个间隔器进去，防止两边牙齿侵占它的位置。再看这一颗，目前看是要杀神经的，之后我们建议戴一个牙冠防止牙齿劈掉。总价嘛……大体给您算一下的话，六七千左右的样子吧。孩子每周来一次的话，如果配合顺利，差不多要两个月的时间。大致这么个情况，治疗过程中遇到的问题咱们具体再看。”

我认真听着，眉头越皱越紧。牙医讲述完毕，和身旁的小护士一起露出八颗牙的职业笑容，等着我点头。想着之前两周，我连着熬夜做工程笔译，刚拿到 6500 块的翻译费，连街都还没来得及逛一下，这下好嘛，都塞他嘴巴里了。娃遭罪，娘破财，谁让你失职！我在心里暗暗骂着。

老虎的牙齿治疗终于开始了，只见他磨蹭着爬到牙椅上，围兜还没系好，眼泪先滚下来了。女医生显然有办法，她讲故事般解释给老虎听：“宝贝你看，阿姨的这些工具，这个呢是一个小洒水车，这个呢是一个小吸尘器，阿姨用它们把你牙齿里的小蛀虫都给捉出来，再放一块小奶酪进去，这样宝贝的牙齿干干净净的，吃什么都不会痛，好吗？阿姨很快的，宝贝看完一集《熊出没》，阿姨就帮你治好了。”小护士忙给他戴上太阳镜，头顶上方的屏幕里光头强举着他那杆老枪从一侧钻出来，老虎的注意力暂时被吸引了过去。戴着口罩的温柔女医生一手口镜，一手探针，旋即在老虎的嘴巴里活动开了。

喷枪响，哭声起，老虎抓住我的手臂使劲捏着，护士把吸唾管插进来，两个美女默契地轮番鼓励，“小伙子真勇敢！”“你乖乖哦，阿姨很快就补好了，再坚持一下！”老虎的哭喊刚刚降了几个分贝，牙钻手机上场了，听到钻头高速运转的声音，他又嚎起来了，痛倒未见得，只是这声音对于孩子来说难免有些恐怖，钻针在牙齿上打磨引起的不适，是他从未体验过的酸麻。

女医生三五秒钟便停下来一次，说上几句加油打气的话，几番下来，老虎的哭声渐渐止住了，攥着我胳膊的两只小手也渐渐松下来，他开始主动配合了。女医生见形势大好，手法愈发利落，填进纳米树脂材料，光固化，修形抛光，屏幕上熊大熊二还没开始反攻，老虎便被叫起来漱口了。第一颗小牙治疗完毕，护士从抽屉里翻出一盒贴画要老虎随便挑几张，老虎像是已经忘了自己刚从牙椅上下来这回事，立即伸出小手，喜眉笑眼地在盒子里扒拉着，捏了海绵宝宝和米妮老鼠出来，回头冲着我笑。

晚上回到家，小郎正在看球赛，茉莉自己在一旁吃饭，挂了满脸的芋头糊糊，见我们进来，爸爸赶紧抽了张纸巾给女儿擦擦嘴巴。老虎出奇地兴奋，仿佛刚经历了大场面，整个人生格局都升了一个档位似的，脱掉鞋子就对着小郎和妹妹吹起牛皮来：“爸爸你看我的牙！”他主动扒开嘴巴，站到小郎面前，“一点儿都不疼，我都没哭。就一会儿，医生说好了，我就起来了！”白羊座的小鬼在客厅里来回晃荡，脚底板一颠一颠的，冒着股稚拙的豪气。小郎笑着看我，等着验证真伪，我翻了个白眼，他便懂了，却依旧哼哈配合着老虎。“妹妹，我有个好东西给你！”鼓捣半天，老虎从小裤兜里抠出两张贴画，把米妮那张贴到妹妹的衣襟上，妹妹乐得手舞足蹈。他又转身奔向厨房，搬过板凳，拉开冰箱，然后手一叉腰，扯起嗓门:“妈妈，给我们做个水果拼盘吧！”新兵初战小捷，迫不及待要领赏了。

后来慢慢发现，其实孩子对于陌生事物的恐惧多半源于首次接触时留下的“坏”印象，若是当初我第一次向他提及自己的看牙经历时，能轻松理性地传递给他正面的体验和观念，先一步为他摒除未知带来的恐惧，或许他对牙医的抵触就不会来得这般猛烈了吧。

记得在美国时，老虎刚满一周岁半，儿科医生就建议我们定期领他去牙医那里做检查，及时清洁、涂氟，防患于未然，我看着他当时嘴里的一口小白牙，觉得医生的建议实属多余，于是随手就把牙医的联系方式扔进了抽屉，现在想来是多么愚蠢自大。

一回生二回熟，一周之后再去口腔诊所时，老虎便放松多了，知道女医生叫戴姗姗，进了门便主动打起招呼来:“姗姗阿姨好！今天治哪一颗？”孩子因为对医生产生了信任感,治疗进展得非常顺利,每周来一次,每次最多半小时。后来老虎躺在诊疗床上,偶尔嫌烦了,还敢和姗姗医生开个玩笑，忽然假装很痛嗷嗷叫，医生一停手，“怎么啦宝贝？”他又哈哈大笑起来，搞得我也被他骗到了。护士送出的小礼物也总有新花样，卡通挂牌，小猪手电，闪光项链，老虎都视如珍宝，还要带到幼儿园去炫耀一番，俨然已把看牙的事当作一次次好玩的约会了。

聊得多了，我和温柔的戴医生也慢慢有了点交情，得知她的女儿刚上小学二年级，进的是寄宿制学校，每个周末才能回家一趟，自己虽是牙医，却没法监管女儿好好护理牙齿。我心下惊讶，六七岁就开始寄宿了？她言辞间似有些遗憾的样子，我也不便多问。

两个月过去了，老虎的五颗乳磨牙都治好了，三颗去腐填充，一颗拔除后戴了间隔器，一颗根管治疗后戴了牙冠，老虎一张嘴，两块银光闪闪的金属一左一右镶嵌其中，我恍惚看见自己的高跟鞋和连衣裙都埋在了里面。

终于不必再来了，临走前戴医生嘱咐老虎爱惜牙齿，三个月后再来医院复查，也安慰我说如今的儿童食品普遍含糖量高，有很多隐形的糖分是我们觉察不到的，加上幼儿的乳牙通常钙化不良，本就容易发生龋坏，一旦蛀了进展会很快。家长严防死守，有时也难免疏漏，只能是发现之后第一时间来做修补。最好每晚刷牙之前先用牙线替宝贝把牙齿清理干净，有条件的话，四岁以上的孩子可以买一把电动牙刷给他。我一一记在心里，嘴上仍忍不住自责。

她送我们出门，似是不经意般说起：“没事就多抱抱孩子吧。”“哦？”难道这也是防蛀指导的一部分？我心中不免诧异。“嗯，从社会心理学的角度来讲，孩子内心缺乏安全感的时候，往往会很想吃甜食，算是一种自我安慰和补偿吧。”“这样子啊。”我心里咯噔一下，仿佛被她一语点醒，老虎蛀牙迅猛发展的那大半年，恰是他最不能接受茉莉的那段日子啊。“现在我女儿每周末回家，我都抱着她同床睡，她也需要安全感，嘿嘿。她小时候那会儿，我因为没经验也没时间，完全照着国外的书养，两岁不到就和她分房睡了，唉……”戴医生脸上现出一丝复杂的笑容，不想再多说。于是，我也不再多言，互留了微信，说好以后有需要再联系。

晚饭稀粥红薯青菜豆腐，以适应老虎的口腔，全家吃得索然无味，小郎只好挖一勺辣椒酱拌到碗里。饭后收到师姐发来的微信加邮件，有一本小书的笔译问我要不要做，虽说钱不多，但时间不赶，内容也蛮有趣，我草草看了一遍原稿便答应下来。临睡前，我拉过老虎和茉莉，从抽屉里翻出牙线，坐到沙发上，把他们挨个儿摁在我的膝头，每个牙缝都清理个遍，然后拉着他们一起去刷牙，把卡通沙漏计时器翻转过来，“不刷到两分钟谁也不许给老娘停下来！”

当母亲在生活面前是个无力招架的弱者之时，当她渴望情感的自我补偿却又无处逃遁之时，以母爱之名把那愤怒之手伸向年幼而敏感的孩子，是多么容易将罪孽感搪塞过去的一道情绪出口啊。

针尖下的温柔

茉莉倒退着往后躲，猫起腰，两只小手拖住我的大腿。前面的孩子已经打完预防针，八九个月大，哭得稀里哗啦，夫妻两人正一起忙活着，“好啦好啦，不哭，我们帅帅最坚强了。”妈妈抱起孩子，爸爸手上挂着背包，一路拍着宝贝的肩膀出去了。

下一个就是茉莉了，两周岁需要注射乙脑疫苗。我忽然有些后悔了，这一天是茉莉生日，我为了自己轻省，想着合二为一，可着一天忙，于是想着清早带她来打针，晚上再吃蛋糕庆祝。唉，真是难为了这小不点，过生日还要走一番苦尽甘来。其实晚两天再来打针根本无碍，何必坏了她的好日子呢！

“宝贝，来吧，阿姨轻轻的，就一下下。”戴着黑框眼镜的年轻小医生和颜悦色，冲着茉莉招手，做妈妈的心里不胜感激。

茉莉旋即哭开来，自己的一把小力气全使上了，扭过身子想往门外跑，我一把抱她在怀里，坐到医生面前，按住不动。

“右胳膊，宝贝，很快哦。”小医生拿起注射器，熟练地消毒，排气，垂直刺入。我眼睛转向一旁，盯着桌上的棉签罐。

“哇……”逃不过的震天响，茉莉反抗不得，咧着嘴巴号哭，此刻一定恨透了妈妈。我相信，针头带来的恐惧感之于他们，就好比毒蛇、蜘蛛、黑暗、高空之于已经成年的我们吧。

“压住，五分钟。观察室留观半个小时，没事再走。下一个。”小医生把针管扔进回收桶，眼睛迅速转向电脑屏幕。

我抱起茉莉快步往外走，后面的宝宝刚听到自己的名字就哭起来了。小家伙们还真是一个吓唬一个，无缝接龙啊。“呜……呜……”茉莉依旧在抽泣，小胖手搓揉着眼睛，鼻涕也跟着流出来了。

“还记得昨晚妈妈给你讲的《打预防针，我不怕》[1]那个故事吗？朵朵和茉莉一样啊，也很害怕，不过打这种针是为了不生可怕的病，是我们必须要做的事。打针确实挺疼呢，如果茉莉觉得难受就大声哭出来吧。”我在她耳边絮叨着，耐心等她哭完这一出。

每次来打疫苗，都好似参加一场“看谁哭声最响亮”的宝宝大赛，

[1]绘本《打预防针，我不怕》，（日）七尾纯、小林雅子文，（日）今井弓子等图。

尤其二岁以下的幼儿组，真是人人身怀绝技，哭起来各有千秋。有倔强的小男孩趴在椅子上鲤鱼打挺，哭得死去活来不肯进门，还有那穿着公主裙的小甜妞，胳膊还没伸出去，人已别过头去梨花带雨，让人好生心疼。

很快，还没走到观察室，茉莉的哭声便渐渐停住了。我们挑了个靠窗的空位坐下，我掏出纸巾为她擦干眼泪，又拿出一盒事先准备好的桃汁。旁边坐着一个妈妈，正在给襁褓中的小婴儿喂奶。茉莉好奇地盯着看，小 baby 咕咚咕咚正喝得畅快，妈妈两根手指箍着奶头，大概是奶水太冲，怕呛到孩子。

“小女孩？”我看宝贝戴着粉红的胎帽，裹着奶黄的小花包被，探在外面的两只小脚丫松松地套着一双红心图案的棉袜。

“嗯，女孩，刚满月。”妈妈抬起头笑了，那是初为人母时特有的温暖笑容，多么熟悉啊。妈妈双颊上挂了不少黄斑，脖子上暗黑的颈纹还没有褪掉，十根指头仍旧肿着，可面部的眉目轮廓依然让人一眼就想象出她孕前的样子，一定是个喜庆俏丽的女生。

“你几岁了，小姑娘？”那位妈妈扭头笑着看向茉莉。茉莉指头还伸不利索，想掰出两根来，还要另一只小手帮忙压着。“两岁了。”我笑着替茉莉解围。新妈妈也笑了，接着说道：“两岁就好了，没那么多针了，我看这疫苗本上，新生儿头半年是一个月一针啊，你说咋就没人发明个十八联疫苗啥的，挨一针算了。看着她哭，我跟着揪心呢。”

“呵呵，说的是呢，我家女儿满月时打这个乙肝疫苗，针进针出，她全程都在睡。呵，后来就不成了，每次都哭得吱哇乱叫，怎么也躲不过啊。”我摸摸茉莉的头，小姑娘一门心思吸着桃汁，看似已把打针的事抛到脑后了，“这一针接一针的，好像打着打着就长大了。”

说话间又走进来一对母女，女孩儿高出茉莉一整头，大概四岁左右的样子，梳着两根麻花辫，自己手握棉签摁在针眼上，咿咿呀呀，脸上还挂着泪呢。“行啦行啦，哭会儿得了，坚强点，你看这小弟弟小妹妹都比你小，谁哭个没完啊，人该笑话你了。”这位妈妈说着话，两个指头还在狂摁着手机，抬头环视一圈，赶紧找个空位自己坐了。

小麻花辫还在哭，许是真的疼吧，撇着嘴巴对妈妈说：“我今天不想去幼儿园了，可以吗？”

“那怎么行！你这孩子怎么还趁机提上条件了！打个疫苗多大点儿事，赶紧的，观察一会儿咱们就走，去把棉签扔了吧，不出血了。”妈妈瞥了她一眼，继续鼓捣手机。“妈妈，真的好疼哦，我想回家。”小女孩越哭越凶。

“我说婷婷，打前天起，你就说不想去幼儿园，这都闹了两天了，你想怎么着，上得好好的怎么能说不去就不去？再说都多大了你，四岁啦！还这么任性，打个针而已啊，哎哟喂。”妈妈拧着眉头，冲着小女孩一通数落，“妈妈在家时怎么跟你讲的？你坚强些，坚强些好吧，别这么丢人。”妈妈的嗓门放大了，伸出一根指头，轻轻戳着小女孩的大腿。小女孩勉强止住了哭泣，眼巴巴望着四周，针眼处已明显有些红肿。我和旁边喂奶的新妈妈不约而同对视了一秒，新妈妈撇了下嘴角，似笑非笑，又低下头看着自己怀中吃奶的婴儿。茉莉瞪圆眼睛盯着对面的小姐姐，吸管发出空空的声音，喝得还真快啊。

安静了不到两分钟，“好了，咱不观察了，婷婷，走，妈妈送你去幼儿园，我十点钟还有事！”说着，她一把拽起女儿就要往外走。

小女孩拗不过妈妈，只好跟着站起来，可还没迈开步子，眼泪又滚落下来，“妈妈，求求你了，我胳膊疼，我想回家。”“你再哭我可真生气了啊，晚上不去接你了。哭得我这心烦啊，妈妈还一堆事儿呢，添什么乱啊你……”妈妈的高跟鞋踩得咔咔响。“妈妈，求求你……”小女孩还在挣扎，哭声渐渐远了。

看看时间差不多了，我和茉莉也准备起身离开。上下打量一下女儿，一切正常，我和旁边的母乳妈妈简单告了个别，萍水相逢，尚不及互道珍重，挥手笑笑便算作祝福吧。

“走吧，妈妈带你买礼物去。”我抱着茉莉从医院出来，钻进了路边候客的出租车。刚拐上主路，前面就堵得水泄不通。我从包里翻出一根香蕉，剥开个口子递给茉莉，小丫头见到吃的，顿时一脸笑眯眯。90 秒红灯亮起来，前车拖沓，司机大姐没能冲过去，气得猛拍了下喇叭。“这是刚打了预防针吧？”不久，大姐转过头来，看了一眼我们母女。

“嗯，是啊。”

“有两岁？”大姐好眼力。

“嗯，今天刚好两岁呢。”我伸手握了握茉莉结实的小腿。

“哟，这得吃蛋糕啊是不是？这么大最好玩啊，怎么爱都爱不够……我家那儿子八岁了，整天跟我呛呛，我这开一天车累死累活的，回到家还得跟着他操心……唉，哪还有什么爱啊，早磨没了，就剩下吆喝了。”

“呵呵，男孩子皮嘛，家家都一样。”

“昨晚还让我给揍一顿呢，学校里留作业不写，老师打电话，训得我跟孙子似的。”大姐深深叹了口气，“小时候那可爱模样，你走哪儿他跟哪儿，哼，再也没有咯！”大姐顿了一顿，扭回身子坐正，重又目视前方，“我现在对他要求就一条，别在外面给我惹事儿！能学成什么样是什么样吧。”

绿灯终于亮了，大姐一脚油门，冲出了斑马线。热浪在前方飘摇，整条马路都在颤抖。白日里骄阳灼心，不知不觉间，我想象着自己经年累月之后，面对老虎和茉莉时会是一副什么模样。如果他们不再如今日这般乖巧可爱，如果他们麻烦频频状况百出，愚钝懦弱像个孬包，那么，我应有的耐心和尊重，原本的温情与体谅，还能留下几分，抑或全部收回？十月怀胎时的美丽憧憬是否也终会沦为人世间的一单平常生意，一桩讨价还价的恶俗买卖？

母爱，有时远没有世人口中描述的那么伟大吧。一份持续的、无条件的、充满自省精神的母爱，真的很难给哦……女人心知肚明却又羞于启齿的那些私心啊，从无到有，缠缠绕绕，渗透进母爱之中，与自己的骨肉共生共长。当母亲在生活面前是个无力招架的弱者之时，当她渴望情感的自我补偿却又无处逃遁之时，以母爱之名把那愤怒之手伸向年幼而敏感的孩子，是多么容易将罪孽感搪塞过去的一道情绪出口啊。裹挟着自己混乱复杂的情绪，母亲施与孩子的那些管教、冷漠、控制、忽略、捆绑乃至欺骗，有时看上去是那么驾轻就熟，那么光明正大……这一切，母亲不会不知道吧。

“这里好走！给您靠边停吧！”大姐开口了。“哦哦，好的好的。”大姐一语打断了我脑中的胡乱猜想。车子缓缓停稳在商场门口，我掏出钱包支付车费，司机大姐忽然转身递给茉莉一袋小包装的夹心饼干，“小美女，生日快乐，阿姨给个小饼干，拿着吧。”大姐笑着等茉莉伸手，茉莉抬头看我，“拿着吧，宝贝，谢谢阿姨。”茉莉得了妈妈批准，高兴地接过来，嘴里害羞地挤出一声“谢谢”。“呵呵，真乖，别落下东西，慢点不急。”

我抱出茉莉，背上书包，拉着小甜心走进明亮热闹的商场。玩具店里播放着迪士尼动画的背景音乐，茉莉打进了门就开始蹦高跳着，完全被闪花了眼。灰黑蓝绿在左，上上下下都是冲锋在前的飞机大炮，棱角分明，我们转到小女生的那一边，光影顿时柔软下来，橘粉奶黄 blingbling，泰迪熊长耳兔芭比娃娃，码了整一面墙。说好只能买一样，茉莉徘徊了几番，最后站在一套医药箱的玩具前再不肯挪步了，听诊器、针管、药瓶、白大褂，一应俱全。我哭笑不得，拎着箱子去结账，想这孩子刚从护士那儿哭一鼻子出来，这会儿又要把整个医院搬回家了……

“确定要这个？”我好奇而疑惑。

“嗯！”小女生笃定地点头。

“呵，好吧，你喜欢就好。”

PART 4

成长之路从幼儿园开始

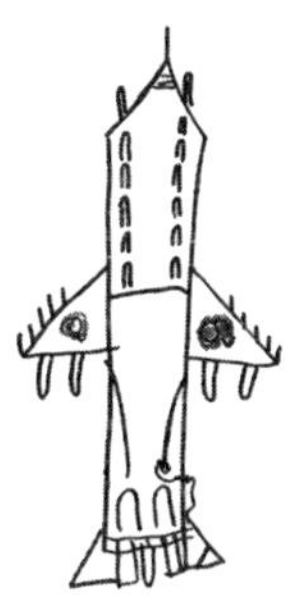

儿子第一次迈向陌生世界时的不安和恐惧，他们父子连心，他必定能想象得到。小男孩的成长之路就这样开始了，在蜕变成一个顶天立地的男人之前，有多少艰难的关卡需要他勇敢独闯啊……

小男子汉的独立历练

老虎满三周岁了，入园的事被提上日程。我搜集好资料，开始在家附近方圆两公里内实地考察。第一站是一家外资幼儿园，建得如一座梦幻城堡，贵族气逼人，学费令人咋舌，我们权当长长见识，出了园门就冷静放弃了。第二站是家传统老园，硬件还算说得过去，可偏又撞上老师在走廊大声训斥孩子，言语粗暴，吓得我一激灵，小郎拉起我，果断决定离开。

第三家是一所小而美的幼儿园，坐落在 90 年代的居民区里，三层小楼朴素简洁。进了大门，发觉园里别有洞天，出奇地干净不说，教室也布置得颇有家庭氛围，图书角安置了一圈迷你布艺沙发，午睡用的床铺整齐地收纳在两个原木色大衣柜里，天花板上和墙壁上满满悬挂着孩子们的手工作品。

隔着窗户朝里面张望，孩子们正围坐成一圈做游戏，饶有兴致的模样。欸？怎么有个宝宝独自坐在角落不肯参与呢？脸上没有表情，身子前后摇晃，一个上了年纪的阿姨正陪在他旁边。带领我们参观的老师觉察到了我的疑惑，主动凑过来，平静说道："这个宝宝比较特殊，不肯开口讲话，有一点点的孤独症倾向，来园里一年了，老师们当他是个普通孩子看待，每项活动都带着他。但也尊重他的身体状况，不勉强，不催促，这孩子的生活自理能力已经有不少进步了，其他孩子也拿他当朋友……"老师缓缓讲述着，一直微笑。我看一眼小郎，立即达成共识，嗯，就让老虎来这家吧，这个园人情温暖。

很快，我开始按着园里发来的入学手册一样一样准备东西。校服、书包、被褥上面都要亲手绣上宝贝的名字。妈妈手中的线，平日里最多补个袜子钉个纽扣，如今在被角、衣领、背带上细细地绣起来，每一针都要左右掂量半天，老虎的大名一点点显现，针脚虽笨拙，妈妈的爱意却当真埋进了那一出一入之间。拉紧线段，别离心起，半是怜惜，半是焦虑。

然而，坦白讲，伤感的情绪只是心头偶尔涌起的片段，多数时间里，我早已经被两个小娃同时在家的吵闹搞得狼狈不堪，恨不能掰着指头数日子，让老虎赶紧入园，我也好稍有喘息。老虎起初对幼儿园的话题极度排斥，我买了《我爱幼儿园》[1]的绘本给他，还找来《小小羊提米》[2]的动画片要他直观集体生活的乐趣，聊得多了，他眼见入园之事已开始了倒计时，便也慢慢接受了，还反复问起关于吃饭、尿尿和睡觉的种种细节，眼神里是掩不住的紧张。小郎每每这时便会摆出故作轻松的姿态，一副该怎样就怎样、男孩子就要勇敢去闯、屁事也不要怕的进攻型态度，要老虎自己到时候看着办。我知道他心中的忐忑其实一点也不比老虎少，他小时候在乡下长大，没上过幼儿园，整日游荡在小河边，爬树、射弹弓、摸鱼、逮蛤蟆，自得野趣，如今儿子要中规中矩地迈进集体生活，他的幼年经验里没有什么部分能与之重叠交叉，于是他掏出勇气来，要老虎大胆去拥抱未来。也不知为什么，这总能让我想起朱天文在《花忆前身》的某篇文章结尾，对着即将远去的三毛发出的那句豪语："一杯看剑气，二杯生分别，三杯上马去！"

这一天终于来了，我早起蒸了蔬菜包，煮一小锅老虎爱喝的玉米粥，炒一盘葱花鸡蛋。老虎没有任何抵抗情绪，甚至故意表现得很兴奋，看得出，他在用自己的方式排解紧张，给自己加油打气。初进园门，他还一蹦一跳地走路，进到教室换好鞋子，见到一屋子

[1]绘本《我爱幼儿园》，（法）塞尔日·布洛克著。

[2]动画片《小小羊提米》是黏土动画《小羊肖恩》的派生作品。故事围绕提米与一群小朋友在幼儿园的趣事而展开。在那里提米学会了如何与他人分享、合作、热心助人、犯了错就坦率承认。

的陌生人，脸色便难看起来。小班开学第一天，定是一片鬼哭狼嚎，老师们早有准备，平静地嘱咐各位家长尽快果断离开。老虎开始赖在我怀里放声大哭，小手紧紧拽着我的衣领不肯松开，小郎拍着儿子肩膀，要他坚强点，又许诺下好多美食和玩具，终也无济于事。我安慰了几句，便狠下心，硬把他塞进老师怀里，拉着小郎转身离开了。老虎的嘶喊声瞬间提高了 N 多分贝，听得人揪心。走！我们必须得走，不能回头！

我料自己会哭得一塌糊涂，结果直到走出大门，鼻子半点儿也没发酸，一滴眼泪也没落下来。只是长呼了一口气，好像万里征程总算负重走完了最初的那一段路，此刻只想坐下来喝瓶水，吹吹凉风。忽然想到茉莉还在家等着我喂奶，瞬间连那喝口水的念头也灭掉了。

“我是不是有点儿冷血啊你说？”我忍不住开口了，小郎走在我身后没有接话。妈妈都没有哭出来，爸爸更是会一如既往地冷静吧，我扭过头看他，正想开玩笑说要不要找个地方喝一杯庆祝一下。可……小郎低头默默走着，竟偷偷哭了，手背一下一下抹着眼睛，像个孩子似的。西装笔挺的钢铁侠，破天荒流下眼泪，还真让人心疼呢。从未在心头预演过这一幕，一时还真不知该做何应对是好。

“哎哟，下午四点就接回来了。不是你说的嘛，臭小子该干吗干吗，不能哭叽叽的没出息。老虎肯定没问题的，适应两天就好了。”我抽了张纸巾递给他，“好嘛，我还特意涂了防水的睫毛膏呢，唉，完全哭不出来，咋跟别人说的不太一样啊……”我挽着小郎的胳膊，叨叨叨地不停口，心里却是一样地五味杂陈。儿子第一次迈向陌生世界时的不安和恐惧，他们父子连心，他必定能想象得到。小男孩的成长之路就这样开始了，在蜕变成一个顶天立地的男人之前，有多少艰难的关卡需要他勇敢独闯啊……

“他也挺不容易。”小郎坐在车里默默抽烟，憋了半天总算吐出一句话来，“一想到他刚出生时，脑门上都是血印子，送他进 NICU，医生要我签字，一沓子挨篇儿签，有一页填亲属关系，我写下‘父亲’两个字时，心里咚咚响。最后一页好像是关于什么死亡免责的，签的时候手就不听使唤，抖得厉害。后来把老虎交到医生怀里，他们进去了，我就站窗边看着。”

“嗯。”老虎出生时，曾遭遇蛛网膜下腔出血，刚一落地就被医生抱走了，那段日子的经历，像是家中的某种禁忌，我们从不轻易提及。

小郎把烟掐灭，发动车子，把我送回家，自己调头去公司了。

我一个人靠在电梯里，悠忽升起，脑子里都是他们父子两人昨晚在客厅里玩遥控飞机的画面。老虎不得要领，小飞机在他的操纵下满屋子乱窜，啪啪撞墙又坠地，再耐摔也些微散架了。小郎趁他睡了，在台灯下支起一根焊锡，手边摊着一大堆我叫不出名字的迷你工具，瞪着眼睛一直修到深夜。

“你压根儿就不该给他买这个，七八岁玩还差不多，他三岁小屁孩哪里掌控得了，净给自己找麻烦，三天两头修一回的。”我忍不住挤对他。

“咳，难得他喜欢嘛！我也喜欢，嘿嘿。”他头也不抬，语毕眉间又拧起一团疙瘩。

午饭过后，老师在微信群里发来宝贝们午睡的照片，都是窄窄的小床，被子花色各异，每人露一颗小圆脑袋在外面。我一张张点开翻看，急于找到儿子，“老虎！”我点开仔细瞧，他闭眼睡着，好乖，小嘴巴微微噘着，像跟谁怄气似的。我鼻子里一阵酸，赶紧把照片转发给小郎，他立即回了一条“[大哭][大哭][大哭]”。

只隔了一个上午，老虎似乎就已经长大了，他睡在一排小朋友们中间，突然跟我们没什么关系了。老虎是老虎，我是我，小郎是小郎，茉莉也早晚是茉莉。

数着钟点，三点半，我就抱着茉莉出门了。“咱们一起去幼儿园接哥哥咯！”茉莉笑了，舞动着两只莲藕似的小胳膊。时间尚早，我隔着栏杆朝操场里望，一眼就在众多孩子里看见了老虎。他正绕着圈骑自行车，戴着紫色头盔，一圈又一圈，不停脚，也不抬头，远远地，我看不到他脸上的表情。趁着他朝向我骑过来的那几秒钟，我忍不住拼命挥手，他没有看到，继续转弯，几脚踩下去，很快又转成背影了。隔着 50 米的距离，老虎在我眼中好像一颗孤独的星球，小小的身板沿着操场上的那条椭圆轨道，一个人转啊，转啊，谁也不知道他心里在想着什么。那一刻，我终于哭出来了。

四点整，保安师傅打开铁门，开始一个一个地扫描接送卡上的二维码，我抱着茉莉进去，来到老虎所在的班级。踮脚朝里望，孩子们都已经背好小书包，聚到门口，等着老师叫名字了。老虎站在人群的后面，也踮着脚，左右晃着头，寻觅着妈妈的身影。

“接到儿子了？”小郎发来短信。

“嗯，挺好的，放心吧。”我把老虎抱在怀里亲了又亲，赶忙发一张照片给小郎。

“[愉快][愉快]”

幼儿园里的“恋爱”是幼儿敏感期里一场关于爱的演习，他在其中尝试和探索着同龄人之间的亲密，我想即便是妈妈，也该首先做好一个旁观者的角色吧。

一场有关“恋爱”的演习

老虎好像“恋爱”了，对方是班上大他半岁的小姑娘Julia。某日，手机里收到老师发来的一张照片，小朋友们在教室中间围成圆圈正做着游戏，只有这两个小娃儿并排坐在靠墙的小椅子上，老虎神色淡然，Julia眉头微蹙。

下午接他放学，在衣帽间里等他背书包换鞋子，Coco老师笑盈盈地走过来，“你们家Tony好贴心哦，Julia性格比较慢热，有时候会害羞啦，今天George领孩子们一起玩呼啦圈，Julia她一个人坐在角落不想玩，Tony就主动说，老师我陪她好了，然后就坐到Julia旁边，两个人一直坐着，也不说话……”我听来只觉得滑稽好笑，一为老虎的出手方式，二为老师嘴里的英文名字。如今流行双语幼儿园，一群道地的中国娃都从彬彬、瑶瑶、小石头、妮儿变成David、Emma、Jerry、Alicia，连班里上了些年纪专门负责照顾他们生活的朱阿姨也要努力记住这些小鬼的奇怪名字，“迈克皮特艾米丽，小便完去洗手！索菲亚你是不是忘了冲马桶！”还真是难为了朱阿姨呢。

我不禁把头伸向教室里边多瞧两眼。哟！这小姑娘很有些高傲的神气呢！Julia乘校车往来幼儿园，要比其他孩子晚些时候离开，这会儿正一个人坐在小沙发上看书。她似乎感觉到有人在谈论自己，朝着我们的方向瞪过来，小眉头皱得更紧了。老虎低着头，慢吞吞地整理他的室内鞋，放进小格子里又拿出来，摆齐了重新放进去，不时吐一下舌头，就知道他在仔细听着我们讲话。

很快，Julia就成了我家餐桌上每日的重点话题之一，“Julia午睡时就在我旁边。”“Julia今天没有来。”每天早晚接送老虎，若是碰见Julia，她总会向我吐吐舌头或是摆个鬼脸，有时还会从背后拍我一下然后呼一下跳出来，咯咯地笑。手机上的家长群里也常常收到Coco老师Po上来的各种二人合照。一个月后，照片上的两个人开始手牵手了。“妹妹，这是我的好朋友Julia。喏，就这个，穿红裙子的这个！”老虎拿过我的手机，把照片上的Julia介绍给茉莉。茉莉一岁出头，刚站稳，步子还迈不开呢，扑闪着大眼睛，竟也莫名其妙地点了点头。

老虎有心事了，他的情绪也开始随之波动。有时格外欢畅，从幼儿园大门出来，一路蹦跳着，扯着嗓门说话，满脸豪气；有时无端烦躁起来，一丁点儿小事就哭鼻子，叽叽歪歪怎么都不痛快，像极了《鳄鱼爱上长颈鹿》[1]里那只愣头愣脑的小鳄鱼。

这是由“小鳄鱼”内心生发出来的一份纯净感情，是幼儿敏感期里一场关于爱的演习，他在其中尝试和探索着同龄人之间的亲密，体验着自然而然的相互吸引。我想，即便是妈妈，也该首先做好一个旁观者的角色吧，如果他愿意主动讲出来，我只要给予应有的尊重和理解就足够了吧。

终于，某天清早，老虎嘴里啃着苹果，晃悠到我面前，主动开口：“妈妈，不知道为什么，Julia每天午睡之后就不爱理我了，上午都还好好的。”说完嘴角一撇，好像为此难过了好久似的。我正在帮小郎熨衬衫，被这小家伙一分心，袖口没扯平，一道大褶子直奔腋下。“小女生嘛，呵呵，有时是这样的啊，你不是也经常闹点小脾气吗？”我假装不以为然，“她不理你的时候，你也和其他小朋友玩玩呗。”

“不要！不要！哼！”老虎显然不赞同我的提议，转身走了。看来，他不想这份情谊有丝毫变化。

幼儿园常组织出游活动，我和Julia的妈妈也由此相识了。细聊起来，成长环境、教育背景、工作经历、日常爱好，我们两家竟有蛮多共通之处，更好玩的是，Julia也有一个小妹妹，叫豆豆，和茉莉出生在同一个月份。这样一来，私下里两家的交往也自然多起来，

[1] 绘本《鳄鱼爱上长颈鹿》，（德）达妮拉·库洛特著。

赏樱花、看烟火、摘草莓、郊外骑单车，每次都是尽兴而归。熟络之后，连茉莉和豆豆也成了彼此惦念的好朋友。

Julia爱极了《冰雪奇缘》中的Elsa公主，每次聚会，她总要换上那件造型夸张的蓝裙子，全套cosplay Elsa，把老虎变成她的王子，把豆豆变成Anna，几句台词反复唱念。整天舞枪弄棒的老虎哪里爱这些，傻傻搞不清楚，却也愿意配合，Julia要他怎样演他就怎样演，一遍遍来也不厌其烦。后来竟逢人便讲他如何喜欢《冰雪奇缘》，Elsa如何善良勇敢……我在一旁睁圆了眼，这臭小子分明连片头都没看完就要求换掉，呵，还真是被“爱情”冲昏了头脑。

有一次，老虎得了肺炎，连着一周没有去幼儿园，Julia每晚都会发来一段语音短讯，“Tony你的病好了吗？”“Tony你明天能不能来幼儿园？”“Tony你要不要给我的小熊做爸爸？”老虎拿着我的手机，一遍又一遍地听，却死也不肯回复一条。那几天里，Julia清脆悦耳的童音就在我家飘来荡去，不绝于耳，茉莉在一旁傻笑，“是茱莉娅，茱莉娅……”老虎病愈返园，接他放学时，我带了几块自己烤制的小饼干。老虎从小铁盒子里挑出两块完整的，塞到Julia手里，什么也不说，拔腿就走。

两个小人儿的情谊似在老虎生日之时达到了顶峰，Julia送给他一辆小小的塑料玩具赛车，荧光绿，老虎睡觉时竟坚持把赛车放在自己的枕头边上，茉莉一个指头也不许碰。

女人的感情世界里总有挥之不去的有关“地久天长”的梦想，

看见美好的人和事，便妄想躲开那“无常”，留住眼前的一切。我和Julia的妈妈再见面时，竟认真聊起三年后孩子去哪里读小学的事情，商量着怎么能往一所学校凑凑，不让他们分开。两个爸爸在一旁听着，摇头苦笑。

再后来，老虎和Julia一起升入中班，两人的亲疏似乎在不觉间也拐进了成人的套路，忘了从什么时候开始，老虎提及Julia时，脸上没那么多憨笑了。Coco老师说，Julia如今性格开朗多了，愿意参加集体活动了，在班里有了一个闺密Sunny，两个小姑娘形影不离。哦，原来如此……老虎落了单，又跑回到男生的江湖里打打杀杀去了，难过倒也谈不上，但眼里的确有那么点眨不掉的失落和悲伤呢。

学期中段，赶上幼儿园的半天开放日，家长们被邀请在教室里观摩孩子的日常生活。我眼见Julia不仅和小闺密笑成一团，还俨然有了新“男友”，一个调皮又帅气的小男孩，朱阿姨叫他德莱克，大约是Derek吧。Circle Time（圈谈时间）时，Julia和新伙伴挨坐在一起，老虎在半圆的另一端，眼睛偶尔还是会瞥向她。外教Peter开始上课了，他的课活泼而夸张，孩子们爱极了他。

课程总要从天气谈起，“Today is a rainy day？”“No！ No！”孩子们大叫着。“Today is a cloudy day？”“No！ Yes！ No！ Yes！”孩子们意见不一，嗓门一个比一个大。Peter走到窗前，右手挡在额头，一副孙悟空的架势，抬起头左瞧右瞧，老虎也心不在焉地跟着转过身去，眨巴两下眼睛，又悻悻转过来，低头看鞋子。“Oh, look at those black clouds!" Peter 伸手一指，孩子们开始点头，"Yes, yes, today is a cloudy day！"……

转眼又到年底，小朋友们在幼儿园里连日准备新年音乐会，这是一年一度最盛大的活动了。照例每个班有一个集体的歌舞节目，老虎班上选定了一首 Mariah Carey 演唱的 *Auld Lang syne*（《友谊地久天长》）。男生们特意订制了一套英伦范儿的格子小西服，女生则是纯白公主纱裙，配了长筒手套。整个舞蹈的编排中，每个男生都有自己固定的女生舞伴，老虎很是开心，每天从幼儿园回来都哇啦哇啦讲很多，一打听，原来 Julia 是他的舞伴。Coco 戏说他们"破镜重圆"了。

演出当天，园方特意租了一个正式的剧场，舞台精心做了布置。我们自然不敢怠慢，带着茉莉盛装出席。灯光熄灭又亮起，老虎的班级出场了，茉莉老远认出了哥哥，一嗓子喊起来，"哥哥！哥哥！"我赶紧伸出手指，尴尬地冲她"嘘！嘘！"。只见老虎牵着 Julia，从舞台一侧缓缓走出来，LED 背景屏上雪花漫天飞舞，观众席开始沸腾，那一刻，不知怎么，眼泪好像要涌出来了……

小郎的手机接连振动，他看了两眼没作声，待舞蹈结束，我们欢呼鼓掌，茉莉也跟着挥手。小郎出去打电话，五分钟后回来，刚一坐稳，便深深叹了口气，"敲定了，下个月走。"

"这么快？"知道他会跳到一家新的公司，却没想到流程走得这么迅速。"又要搬家了，舍不得离开上海。"我小声嘟哝着。

舞台上已开始下一个班级的表演，孩子们欢快地转着圈。"唉，再也见不到Julia，老虎会不会很难过？”小郎面无表情，他是真的感到有些抱歉了吧。

“Julia他们家不是也要离开了嘛，唉，我们竟然先走一步了。”想起上周和Julia妈妈聊天，她说起Julia爸爸工作即将变动，机会来得突然，他们不得不举家迁往香港。趁着节目的间隙，完成演出的孩子们陆续从后台回到家长身边，只见老虎和Julia一前一后挤进来，带着些许的得意和羞涩，懵懵的，浑然不知即将到来的别离……

学期结束，Julia邀请我们一家四口去家中做客，气氛热闹如旧，席间我们一直在聊未来的各种打算和眼前那些琐碎的困难，说来说去也都是大人的烦恼。四个孩子在客厅和卧室间疯跑，玩具铺满了地板,零食口袋通通打开了。临近尾声,我们把老虎和Julia叫到一起，平静而略带遗憾地给他们讲明白了所谓“告别”这件事，又说了好些彼此珍重、如今手机视频方便、机票便宜暑假一起旅行、有机会再相聚之类的客套话。已将近夜里十点，两个妹妹早已趴在各自爸爸的肩头呼呼睡去,老虎和Julia大概玩得太累了,眼皮都在上下打架，人也渐渐不耐烦了。我以为两个小人儿也许会哭上一鼻子，抱在一起说“不想分开”，可其实，他们对这唠里唠叨的“告别式”早已厌倦无感，匆匆拥抱一下，拍张照片就挥手说再见了。

两个月之后，我们回到北京，安顿下来，老虎被送进又一家双语幼儿园，认识了又一群蹦蹦跳跳的大卫艾米贾斯汀。他很快融入新的集体，偶尔提及之前上海两年的生活，似乎已忘掉大半。

我猜想，这便是孩童真实的情感世界吧，“物来则应，过去不留”。这天然而不自觉的智慧使得他们一直生活在当下，无往事可叹，更无前程可忧，也因此，快乐来得那般容易，一颗棒棒糖便似赢了全世界。若果真如此，还真是让人羡慕呢。

某天晚饭，茉莉不知想到什么，嘴里蹦出了Julia的名字，老虎嘿嘿笑着，说Julia是他从前的好朋友，现在不是了。看完动画片，洗过澡，我递去睡衣要他们换上准备睡觉，老虎裤子还没提好忽然说要找样东西，光着脚丫子跑到客厅的玩具箱里翻腾，我没理会，继续帮他们铺床。过一会儿，老虎跑进来，“妈妈你看！”只见他手里拿着当初生日时Julia送他的荧光绿小赛车，眼睛里泛着光。

“哦？”我不免惊讶。

“妈妈我得洗车去！”说完又颠儿颠儿跑出去了。

卫生间里传来哗哗的水流声，我悄悄走过去躲在一旁瞧，老虎接了盆水，蹲在地上，用香皂抹了四个轮子，手里握着自己的牙刷，正仔细地刷着底盘呢……

远在香港的Julia，不知你和你的新伙伴们还好吗？

母亲的历程，女儿要重走一遍，沿途的风景再不同，相通的心思也有大半。看着她，便知时光是如何一寸寸雕刻出了眼下的自己。

但需放手，自有前程

茉莉超喜欢旋转木马，大多数时候我会站在她身后，看她在我眼前起起落落。单薄的小肩膀上，一颗圆圆的娃娃头，两手紧紧握着栏杆，耳下的几缕碎发微微摇摆。有时碰到十座的小型旋转木马，她感觉自己没有危险，便主动要求我站到栏杆外面看着她。若是小郎也在，我便和他各守一个半圆，放手让女儿自己试一下。她在自己的白色小马上安然危坐，音乐响起，她离开我，慢慢滑向前方，忽而云端，忽而陆地，世界开始在她眼前周而复始地展开。一眨眼的工夫，她又奔腾至我的眼前，咧嘴笑着，我冲她挥挥手，她再离我而去，飞旋着去做宇宙主宰……音乐停下来，我抱她下马，她总要站在这场子里四处看一会儿，大概搞不懂这些高头大马究竟是为什么被牢牢拴在这里。

这一天，我特意带了单反相机过去，想给茉莉在游乐场拍一组照片留念。我已经和老虎所在的幼儿园联系妥当，下周一茉莉就可以入园了。小女生两岁八个月，独自闯江湖的日子即将开始，我和小郎竟有些不舍了。

木马、小火车、城堡、海洋球、旋转滑梯……从那小小的取景框里望出去，世界被切得如此清白，时间被切得如此整齐。茉莉逍遥自在，穿梭在自己喜欢的游戏之中，每一帧画面都是那么独一无二，光阴就终结在这三比二的尺寸里，快门被摁下，怀念便开启。

嫁给小郎后，每年年终，我都会花上一整个星期做一本家庭相册，尤其喜欢收录那些不经意间留下的镜头，有情境，人也自然。孩子们注定要飞走，就算我和小郎真的运气好到可以白头偕老，也会先他们一步老去死掉。家，迟早要散，未来仅存的，应该也只剩下这些相册了吧，我操着剪刀和胶带在每一页卡纸上颠三倒四时常常会这样想，像个孤独的老寡妇一样。

休息时，茉莉爬上长凳，挨在爸爸身边坐好，小脑袋瓜汗津津的，刘海粘在额头上，一手捧着水壶，一手拿着从家里带来的曲奇饼干，左一口右一口。本来吃得心满意足，忽见旁边的小女孩举着冰激凌走来，她便也说要，我犹豫着，担心她吃坏牙齿，小郎立即向我使眼色，一脸的“拜托拜托，别扫女儿兴”。我只好跑去吧台给她买，队伍很长，我站在里边耐心等待，从相机里一张张看着照片回放，自己也情不自禁地笑起来。

回来时，父女二人仍在长凳那里休息，茉莉大概是玩累了，把头靠在小郎的胳膊上，两只小脚还在长凳下前后甩着，头顶的灯光洒下来，笼罩着他们的背影，仿若梦境。我不禁举起相机，“咔嚓”一声，茉莉耳朵灵得很，嗖地转过头，就在她张口叫出妈妈的前一秒，笑意刚涌上眼梢的一刹那，我再一次摁下了快门。天啊，那一刹那间，我为什么想到了“死”，心头还莫名涌起了一阵愧疚和不安？画面仿佛被切到女儿的耄耋之年，茉莉对着手上一张薄薄的照片，照片上是三岁时回眸微笑的自己。茉莉，我怎么忍心想象有一天你也会老去……

茉莉长大了会做什么呢？研究运载火箭，芭蕾舞演员，野生动物摄影师，外科医生，街边小店的老板娘，还是在家里养一大堆娃每天一睁眼呼来喝去？当然希望她的人生平安顺遂，胸中有凌云壮志也好，只愿享受一蔬一饭的恬淡也好，云游四方风餐露宿也好，总之，她开心就好。我愿意站在侧目条里窥探舞台上的她，既然已推她出去，料她自有前程吧。

美国的绘本作家艾莉森·麦基在《有一天》中曾这样写下母亲的心中所念：

有时，当你睡着，看着你入梦，我也开始畅想……

有一天，你会跃入一面冰凉清澈的湖水。

有一天，你会独自走进一座幽密的森林。

……

有一天，我会站在门廊，眺望你向我挥动着手臂，渐行渐远。

有一天，你会望着我们的家，诧异记忆中它的巨大，和此刻看起来的渺小。

……

有一天，很久很久的以后，你的头发也会在阳光下闪烁银光。

据说，此绘本曾一度登上《纽约时报》的畅销书榜首，感动全球数亿妈妈。唉，这哪里是童书，分明是写给妈妈们看的，你一页一页翻开来，好像手里攥着一块奶白色的棉纱手帕，柔软得要命。女婴、女童、少女、少妇……母亲的历程，女儿要重走一遍，沿途的风景再不同，相通的心思也有大半。看着她，便知时光是如何一寸寸雕刻出了眼下的自己。茉莉也会从天真无邪走向袅袅婷婷，而后从丰姿绰约走向鬓白齿松，潺潺似一湾溪流，忽然若白驹过隙，如我今日今时先她一步所历。想帮她逃掉那些痛苦的部分？想都别想！

从游乐场回家的路上，茉莉一直在睡，我和小郎有一句没一句地聊着天。“小女儿在幼儿园会不会受委屈？你瞧她小不点儿的样子，一碰就倒的，干啥都慢吞吞的，呵。”爸爸从后视镜里看了一眼熟睡中的茉莉，轻轻叹了口气。“一想到她整天围着我转的日子就这么结束了，还真有点舍不得呢。”我忍不住回过头去，拉起她的小手摸一摸。

“这就算开始了，幼儿园，小学，中学，然后，大学，嗖一下飞走了……再也懒得理我们了，呵，小臭丫头。”小郎摇摇头，好像未来十几年的光景已体味了一遍似的，“我得多赚钱，给她攒足咯，至少让她一辈子吃喝不愁，长大之后只做她自己喜欢的事。”爸爸看待女儿，总归是这样的心思吧，她在家时，宠她宠上天，她飞走了，他就守在原地做一个死忠于她的老“备胎”。

“嗯，到时候我们得住一栋大房子，将来她和老虎拖家带口地回来看我们，都住得下才热闹啊。嗯，怎么也得和他们在同一城市生活，你说呢？”我把眼睛瞪向小郎，等着他的回复。

“噗！”小郎笑了，“瞧你，一直盼着茉莉上幼儿园自己能清静些，这还没送走呢，就开始操心三十年后的事了，累不累啊！”说完，他伸出手，在我的刘海上胡乱拨了几下。

回到家，吃过晚饭，老虎缠着爸爸到小花园里骑自行车。茉莉累了，不想再出门，要我陪她玩打电话的游戏。家里有一组玩具对讲机，50 米之内可以通话，茉莉常常挂一只在腰间，另一个塞给我们当中的某个人，然后她再煞有介事地从腰里掏出来，学着大人的样子，假装一边在忙着手上的事一边和我们讲电话，很好笑。她把对讲机塞给我，然后自己跑向书房，我懂她的意思，立即进入角色，“喂，茉莉吗？”

“嗯，妈妈。”她的声音从书房和对讲机里一起传出来。

“你下班了吗？”鬼知道我怎么问出这样一句来。

“没，在加班呢。”连加班都懂了？我被惊得哭笑不得。

“哦，那晚上回家吃饭好不好？妈妈做了你爱吃的红烧鸡翅呢！”书房门开着，我从远处偷偷朝里面望，只见她正站在电脑前，一手拿着对讲机，另一只手拨弄着鼠标，发出“咔咔”的点击声。

“我不回家了，妈妈。”茉莉平静地回答，眼睛仍旧盯着前方的电脑屏幕，屏幕一片黑，她动也不动一下。我眼里竟有些湿润了。

“好吧，那你自己要好好吃饭哦，再见！”我“挂断”电话，擦掉眼泪，从她身后冒出来。

“啊哈哈哈哈！啊哈哈哈！”茉莉见我猛一下蹦到她眼前，竟笑得前仰后合，大概是我突然跨过了真实和虚拟的界限，她觉得好好玩吧……

周一还是来了，我为茉莉备好新书包，新校服，一路抱着她来到幼儿园，忐忑不安。进到班里，亲了亲她的小脸，送到老师怀里，笑着和她说“再见”，她也在笑，笑过两秒钟，回头望向我，“哇”一声哭开了，我果断走掉，不忍再多看一眼。接下来的三天，她都是哭着进教室，在老师怀里挣扎着回头看我，伸着两只小手，嘴巴张得老大。我故作镇静地看着她笑，挥手说着“好好玩吧，下午见”。

第五天，在门口放好书包，脱掉外套，茉莉没有转身和我拥抱，她自己推开教室门，一路哭着向前走，再也不回头了……

幼儿园是孩童社会化的第一站，他们在看似不起眼的一言一行中感受着个体与团体的差异，乃至自由与平等之间的微妙博弈。

孩童社会化的第一站

某个周日的傍晚，我正和孩子们一起玩拼图，忽然接到幼儿园青青老师的电话，茉莉班上有一个宝宝刚在医院确诊患了手足口病。园里有规定，凡遇到此类传染病，所在班级即刻放假一周。孩子们作鸟兽散，各自留家观察，若有新增病例，返园日期也需顺延，直到“警报”解除。我挂掉电话赶紧抓来茉莉，要她张开嘴巴摊平小手，还好，暂时没见凸起的小疹子，摸一把脑门，温度也正常。

于是，我耐心解释给她听，手足口病是怎么一回事，园里如何安排，从明天起先跟着妈妈在家待一周，哥哥照常去幼儿园。三岁的茉莉，刚刚入园四个月，一通听下来，也只是如平日一样傻笑，脸上不明不白的。我倒是被这突如其来的假期砸晕了头，书桌上一摞翻译材料等着交稿，昨日又刚把准备长途旅行的父母送去机场，如今哪里搬得来人手，大黑眼圈又得挂起来了。

第二天一早，我拉着茉莉送哥哥上学，路上又跟她讲了一次小猫班临时放假的事，她点头答应，像是懂了。送完哥哥出来，路过小猫班的门口，见所有床铺教具都堆在教室中央，一股浓浓的消毒水味道从里面传出来，几位保洁阿姨正忙着擦拭。茉莉停下脚步，抿紧嘴巴，站在门口朝里面巴巴望着，一声不吭。

回到家，才八点一刻，初夏的晨风从窗口吹进来，清新爽净。我问女儿要不要吃点水果，她点头，我洗一个软软的油桃给她，有两块疤结在上面，想来一定甜得很。茉莉盘起小腿坐在地板上，闷头啃起来，小丫头吃东西总是一心一意，好滋味万不可辜负似的。我趁着这清静，忙收拾一下屋子，家有小鬼，客厅 24 小时似战场。一边擦着餐桌，一边在心底盘算，距离她午睡还有四个钟头，要怎么打发才好呀？公园，商场，博物馆，儿童乐园？时间，天气，车程，水果，午饭，门票折扣，我在脑子里启动了出行程序，各种数据组合在飞快运转。这时，茉莉吃完桃子，展着水淋淋的两只小手跑过来，一把搂在我的大腿上，仰起小脑袋瓜，笑眯眯的，“妈妈在做什么？”“嘿，你个小臭丫头，桃汁儿蹭妈妈一身！”她更得意了，竟把嘴巴也凑到我的裤子上，左摩右擦。我索性扔下手上的抹布抱起她胳肢胳肢，她笑得直往后仰，稍一回稳，又抱起我的头，把嘴巴上的残汁朝着我脸上蹭过来。

自打茉莉进了幼儿园，我们母女二人已鲜有机会独享如此阔绰的日间时光，何不趁此假期沉下心来好好陪一陪我的小丫头呢？我拧一把热毛巾，把茉莉的小脸蛋重新擦个干净，捋一捋耳边的碎发，别进发卡，她又软软地赖进我怀里，脑袋瓜贴在我的胸口，两条肉乎乎的小腿左右甩开，也不说话。屋子里静悄悄的，忽然像是回到她刚出生的某个时候了，我们依偎在一起，我感应着她小小的心脏扑通扑通跳着，勃勃生机在怀中伸展，天地间好安宁。

连着两天，我们母女二人流连在大商场里吃吃逛逛，时间打发起来倒也容易。上午安排茉莉在游乐场疯玩两个钟头，吃过午饭她躺靠在推车里，几步路的工夫便睡熟，我买杯咖啡提提精神，然后推着她开始闲逛。部落风的小皮凉鞋、镂空系带芭蕾鞋、蝴蝶结草编平底鞋，小女生的鞋子真是让人挑花了眼，我悄悄地一双接着一双套在她的小脚丫上比画着，生怕惊醒了她，嗯，留一指富余刚刚好。店铺恰逢有活动，于是，一口气买下三双。我料她醒来看见新鞋子会好欢喜，却也没有。晚上去幼儿园接老虎，他一见面便问我白天领着妹妹都做了些啥，然后反复试探我有没有背着他买冰激凌给妹妹吃，若是错过一盒冰激凌可是天大的事呢。

第三天早晨，把老虎送进班里，我们扭头往外走，茉莉忽然问我："妈妈，我想在操场玩一会儿滑梯，可以吗？""好啊。"茉莉开心极了，冲到操场，小猴子一般，沿着粗麻绳编织的阶梯往上爬，过小桥，钻隧道，直登到最高处，然后不慌不忙地躺好，沿着滑道“嗖”地旋转而下，踩实了地面站起来，原地蹦上一蹦，像是在给自己庆祝，紧接着便开始第二轮的攀爬。

一直玩到送园时间结束，操场已空无一人，保安大爷笑呵呵地走来，“茉莉啊，爷爷要锁大门咯。”茉莉知道她已无权留下来，也不言语，低着头随我出园。进了家门，也一直不自在，我说妈妈一会儿领你去公园骑自行车吧，她摇头，说想待在家。过了一会儿，窗外传来欢快的音乐声，她急忙放下手里的玩具跑向阳台，脸蛋贴上落地窗向外张望，“妈妈，这是我们做操的音乐。哥哥就要出来了。”幼儿园就在 50 米之外，从窗口俯瞰，一清二楚。茉莉嘴里兀自小声嘀咕着：“做完操，回教室小便，洗手，吃加餐，摆好小椅子，上课，甜甜是我的好朋友，还有婷婷、乐乐、涵宝，鹏鹏最淘气，静怡爱哭……”我站在她的身后，一边听她细数班上的伙伴，一边嗯啊应和着。

我原以为放下手头的事情，借由这从天而降的五天假期，可以重温我们母女二人相依为伴的小日子。比起去幼儿园，茉莉一定更爱和妈妈腻在一起的吧？我忍不住在心里暗暗揣度她的心思。于是，我又把因手足口病放假的事解释一遍给她听：“小朋友们都在自己家呢，再等几天，好吧，很快咱们就可以回到幼儿园了……”她仍旧瞪着大眼睛望着操场。

她在想念教室里小伙伴们围坐在木桌前一起午餐的热闹气氛

吗？又或许，在似懂非懂之间，错以为自己被她的小猫班抛弃了？她究竟在想些什么呢？我真的猜不到，她也真的说不出。总之，她看上去的确有些不开心了。

我忽然意识到，日夜往返，个把月而已，不觉间，女儿已长大了好多。也许，她更渴望拥抱的其实是那个外面的世界吧。我们四目相对时，她已先我一步不耐烦了。我不禁想起《逃家小兔》[1]里的那只小兔，一心想着离开家……兔妈妈说："你若是逃走，我便出门去追你。"小兔说："如果你来追我，我就要变成溪里的小鳟鱼，游得远远的。"妈妈说："如果你变成溪里的小鳟鱼，我就变成捕鱼的人去抓你。"小兔又说："如果你变成捕鱼的人，我就要变成高山上的石头，让你抓不到我。"妈妈说："如果你变成高山上的石头，我就变成爬山的人，爬到高山上去找你。"小兔和妈妈不停斗法，直到后来小兔要变成马戏团里的空中飞人，飞得高高的。妈妈说："如果你变成空中飞人，我就变成走钢索的人，走到半空中好遇见你。"画面中，兔妈妈穿着舞裙撑着阳伞颤巍巍地走在高高的钢丝上，眼睛却望向正在半空中飞舞的小兔，哇，每次看到这一页，都会笑到心酸，兔妈妈真的很拼啊……

看着眼前扎着丸子头，咬字尚未清晰的茉莉，我似乎突然间明白了，大概自己需要换一种眼光看待她了呢。这个小女生已拥有了

[1] 绘本《逃家小兔》，（美）玛格丽特·怀兹·布朗文，（美）克雷门·赫德图。

自己稳定的朋友圈，十五个小鬼的集体生活已赋予了她第一张社会标签和最初始的身份认同感，她似乎在其中已感受到了自己一直渴望的某种独立和自信。

幼儿园是孩童社会化的第一站，掌上明珠们转眼变成排排坐里普通的一个，我们这些在孩子眼中“无所不能”的成人家长们通通退场。在这个陌生而新鲜的集体里，自力更生成为生存之道，有礼貌爱分享才能交到朋友，他们在看似不起眼的一言一行中感受着个体与团体的差异，乃至自由与平等之间的微妙博弈。当不如意之事接二连三地来临时，他们委屈、反抗、逃避、告状、自卑，进而慢慢摸索到在每个具体的情境里如何进退与应对，也恰恰是这些小小的“磨难”激发了他们与生俱来的成长勇气，去战胜自己的渺小与羸弱。对于一个极度渴望变强大的孩子来说，这世间，还有什么比挑战自己、战胜自己更让人着迷和兴奋的事呢?

一整天下来，茉莉都蔫蔫的，睡过午觉，再问她要不要去楼下的小花园里转转，她仍旧摇头，说现在就想去接哥哥放学。唉，才两点钟，放的哪门子学啊，看来小女孩是真的想念她的幼儿园了。

傍晚，我特意做了茉莉爱吃的打卤面，却也没见她动几下筷子。老虎不识趣，回到家，叽里呱啦讲起自己班上的事，他如何给大家变魔术连着两次都没有被识破，又怎么在“建筑区”搭起五层楼高的立交桥。若搁在平日，待哥哥话音一落，茉莉也定会编出白天班级里发生的三两件趣事来，有板有眼地讲讲。如今她只好静静听着，也懒得再抬眼看哥哥。

睡到午夜，茉莉翻身，小胳膊“嘣”一下甩到我脸上，我被它砸得半梦半醒，闭着眼把她推开，怎么觉得有点烫？难道是手足口病？非常时期，我立马翻身起来，找出耳温计悄悄给她量了量，37.8℃，真的发烧了。再看一眼手脚，还好没见疹子。她倒睡得踏实，身子转了 90°，横着占了大半张床。

第二天清早，茉莉醒来果然没了精神，吃过早饭便赖在我身上，再一量，38.6℃了。“妈妈我可以喝退烧药了吗？”她忽然坐直了问我。想起自己小时候发烧，半片扑热息痛碾碎了兑水，用不锈钢小汤匙灌进嘴里，苦不堪言。如今可好，草莓味的退烧药调得比蜂蜜还甜，倒成了小傻丫头每次生病时的一个盼头。吃过药，疲惫的她倒在我的肩头睡着了，我想把她送回自己的小床，刚一弯腰，她的手脚却又本能地勾住我，来回试了几次，她似在用缩紧的身子告诉妈妈她仍旧需要这怀抱。好吧，那就让她踏踏实实地睡在妈妈的怀里吧，在她最渴望依恋的时候。

第五天，高烧仍在反复，茉莉依然嗜睡，没有食欲，却也不咳不喘，只轻微流点鼻涕。下午抱她去医院验了指血，C–反应蛋白仍在正常值，只白细胞略高出一些来，医生看了看嗓子，稍有些红肿，听诊器在前胸后背划了两圈也没什么异常，医生建议再观察两天。我放下心来，左不过是一场普通的病毒性上呼吸道感染，扛几天也就过去了。回家路上，偶遇小猫班的青青老师，领着自己的儿子正准备回家，母子两人手拉着手，脸上都挂着笑。

青青老师的小孩也在茉莉的幼儿园，上中班，若不是这突然而至的假期，她也难有机会亲自接自己的小孩放学。她笑着说自己特意提前打了卡出来，然后和其他妈妈一样，掐着时间在门外排队等着儿子放学。得知茉莉生病了，她旋即又一脸的关切，听到没什么大碍，也松了一口气，说园里刚下来通知，小猫班这五天里没有新增的手足口病例报告，若周末两天一切正常，孩子们下周一就可以返园了，她正准备在群里发消息呢。一直在怀里打蔫儿的茉莉，像是听懂了这一段似的,忽一下立起身子,眼睛盯着青青老师看。“茉莉，回家多喝水，多睡觉，下周一青青老师在班里等着你哦。”茉莉张大嘴巴，吐了吐小舌头，几根手指头互相敲着，脸上终于重展笑颜。

周一清晨，茉莉早早便起床了，自己还主动记起要穿校服的事，央我快去衣柜里找给她。到了教室门口，她把书包和水壶摆进自己的小格子里，转身来和我告别。

“茉莉再见！”我猜她大概会有些不舍吧，毕竟单独和妈妈在家待了这么多天。

“妈妈再见！”怎知她竟连拥抱都忘了给，小手一挥便跟着老师进班了。

呵，小兔终于又可以逃家了。妈妈才不要去找她呢，就让她自由自在地去勇闯天涯吧。

PART 5

两宝的战争

老虎的自我意识尚未萌醒，就被迫体验从“完满”到“残缺”的过程，被迫学习“分享”和“谦让”的美德，这些成人世界的生存法则，要一个两岁的孩子短时间内接受并掌握，想想是何等煎熬的事啊。

老大的宿命

茉莉刚出生时，老虎还不满三周岁。把茉莉从医院抱回来放在家中的大床中央，亲友们转圈围着，老虎悄悄挤进来，跪到襁褓边上，吐着舌头小心观察。“老虎做哥哥咯！”“要保护好妹妹哦。”“妹妹真漂亮，嫩的哟。”大家七嘴八舌，老虎一旁听着，两颗小黑眼珠转啊转，似懂非懂。

来探望的朋友都深知产妇的疲惫，笑盈盈地客套几句，放下礼物匆匆离开。一周过后，家里渐渐安静下来，我隐约听到老虎嘴上开始嘟哝：“这个妹妹怎么还不回家？”“回家？！”原来你一直当茉莉在我们家做客呢？

按照书上的指导，茉莉还在我肚子里时，我们就开始给老虎做功课了，尽可能地让他参与到迎接妹妹的每一项工作细节里，帮妹妹挑衣服，选床品，甚至一起进入B超室看妹妹在大屏幕上吐泡泡玩脐带。妹妹刚一落地，我们就拿出了事先买给老虎的好多玩具，让他觉得茉莉的降生给他带来了巨大的福利。我和小郎达成默契，月子里尽可能在茉莉睡觉的时候多陪陪老虎，言语上务必周到，万不可忽略了这小家伙的感受。

起初的一段日子似乎还好，老虎经常搬一把小凳子，坐在电动摇篮边上，好奇地看着被裹成蚕茧一样的茉莉悠来荡去，不时伸手摸一摸她的小脸，摸一下又即刻缩回手来。喂奶休息之余，我仍旧和往常一样，给老虎讲故事，陪他看动画片，一日三餐坐在他身边。老虎看上去没什么抵触的情绪，作息如往常，只是大家都说老虎瘦了，又说天气太热，怕是苦夏闹的。我暗自庆幸，以为俩宝之间和平共生的局面已然确立，之前的担忧可以就此放下了。

但好景不长，老虎自从过完三周岁生日，从terrible 2[1]挺进传说中的horrible 3，忽然就暴躁了许多，一股火药味顺着炮捻子“刺刺啦啦”在家中蔓延开来。茉莉能独自坐稳了，已不再满足于吃饱睡好抱一抱，她手脚并用，咿咿呀呀地开始比画，对妈妈的需求也明

〔1〕在2、3岁，几乎所有正常的孩子都会出现持续半年至一年的“反抗期”，这个时期的幼儿最爱自作主张，反抗也最明显，被称为“可怕的两三岁（terrible 2，horrible 3）”。

显增多了。形势渐渐不妙，老虎夜里好端端的忽然开始尿床，在我喂奶时故意跑来添乱，再后来更是见不得我抱茉莉，哪怕一下都不行，瞥到一眼都会号啕大哭。可此茉莉已非彼茉莉，小丫头已慢慢懂事了，她撇着小嘴巴，眼泪汪汪地看着同样满脸是泪的哥哥，两只小胖手急急地伸向我以寻求安慰和庇护。老虎愤怒地跳起来大叫："妈妈不抱妹妹！妈妈不抱妹妹！妈妈不抱……"一句句哭喊，复读机般在耳朵边上炸开，每每这时，我都幻想自己能挨上一记闷棍，昏过去它三天两夜……Here we go，兄妹大战正式拉开序幕，这一天还是来了！

我倾尽所有的精力和耐心，依然觉得山穷水尽，有一阵子几乎被这两个小娃熬到了崩溃的边缘。每次老虎咆哮起来，我都笨拙地重复着同一套路，转移焦点，抱他在怀里，先软后硬，威逼利诱不成，索性把自己关进卫生间大哭一场。小郎在一旁安慰劝导，依然解不了局，熬到最后，老虎还是免不了大哭一场，哭完吃两颗小熊糖，然后跟着爸爸去看动画片。我红着眼泡出来，擤把鼻涕，抱起茉莉继续喂奶。

我猜想，在老虎眼中，茉莉每一个小小的进步，每每博得大家一个笑脸一句赞美，都会带给他内心一阵巨大的恐慌！是的，妹妹就是那个让人讨厌的"篡位者"。为了守住自己的领地，为了不被妈妈忽视，为了争取哪怕多一分钟的关注，老虎他宁愿做个"坏小孩"。

有一天，午饭时，老虎忽然笑着问起我："新妈妈多少钱？我想买个新妈妈。”我一愣，觉得好玩儿，就装着哭腔说：“你怎么可以买新妈妈？妈妈是无价的呀。”他看了看我，顿了一秒钟，笑着说：“妈妈好难过吧。”

老虎，你也一定很难过吧……可妈妈，真的已经尽力了，不周到之处，也请你多多体谅吧……妈妈尊重你的感受，也要尊重自己……这些不愉快，就当作是人生必经的失落感练习吧，我陪着你一起。

某个傍晚，我领着老虎去楼下的小超市里买鸡蛋，腊月寒冬，大风刮来又硬又紧，吹得脸生疼，买完之后我说咱们赶快回家吧，小心感冒。可老虎说什么都不肯，非要拉着我去小花园里玩，我拗不过，答应他就玩一小会儿。他拽着我的手，脚底一蹦一跳，嘴里好像抹了蜜：“老虎好喜欢妈妈呀，和妈妈出来好高兴啊。”我听着，心底顿时起了滋味，于是我们母子二人就在大风里一趟趟地溜滑梯，压跷跷板，骑摇摇马。天色已暗，周围也没有小朋友了，老虎依然不肯回家……夜里，看着他睡在自己的小床上，身子拧成一团，一副“思考者”的样子，半张脸埋在枕头里，额头热气腾腾，脚丫扔在外面，深深的自责又一次涌上心头。无论妈妈怎样做，在你的小小世界里，妈妈只属于你自己的日子就是被茉莉的到来而生生斩断了，你的失落和沮丧，也许真的大到你自己难以承受……第二天一早，老虎的鼻涕开始过河，他甩着袖子左一抹右一抹，半张小脸红通通的。

茉莉会走路了，跟在哥哥后面有 学 ，老虎吃梨她也要梨，老虎站着撒尿，她好奇地在一旁观摩，而后小肚子向前一挺，两手握着搭在自己的尿布上，我过去一摸，尿布果然一阵温热。自打茉莉口里叫得出“哥哥”二字，老虎的霸气似乎不觉间软下了许多，谁都看得出，老虎已经认下了“哥哥”这个新角色，甚至还由此生出了几分责任感呢。全家出门前，老虎总会问我：“妈妈，妹妹需要带几个纸尿裤？”我告诉他数量，他立马跑去准备，待我整理好茉莉的奶瓶奶粉零食罐替换衣裤，他便一起抱走，通通塞进自己的小书包里，坚持要独立负责保管。

茉莉开口早，且天生嘴巴甜，“哥哥你拉着我的手。”“哥哥你好棒啊。”“谢谢哥哥。”老虎心情好起来，对茉莉开始有求必应，虽然嘴上还说着“不行！不管！你怎么这么笨！”人却已经有所行动了。茉莉把皮球滚进床底下，他匍匐进去帮她拿出来；茉莉不会穿衣服，他用幼儿园里学来的那一套煞有介事地训练她；排骨汤太热，他会先舀一勺拿起来狂吹，茉莉乖乖等着，喝到自己嘴里只剩小半勺，还美滋滋地摇头晃脑。

有那么一阵子，我感到他们似乎已慢慢接受了妈妈一颗心掰成两半的疼爱，我日夜祈祷的兄妹间相亲相爱的有爱画面也显了些眉目，于是乎，我的内心也渐渐舒展开来，以为只要在家中凡事做到不偏不倚，就事论事，便可万事大吉。

某日，我们一家四口在餐馆等位，邻座的阿姨转过身来和我们闲聊，“哎哟，这小女孩儿可真漂亮，瞧这大眼睛，水汪汪的。”我礼貌地笑笑，摸摸茉莉的头。阿姨又望向老虎，老虎正拳打脚踢地比画着，大概在给小郎表演他刚刚在跆拳道课上学到的新招式。我本能地预感到不妙，果然阿姨又开口了：“哟，这老二比老大生得好啊。”她用手刮刮茉莉的小鼻子，“你比哥哥好看呢！还是闺女好啊，将来知道疼人。”茉莉傻笑，我和小郎互相看了一眼，老虎显然已听进耳朵里，伸出的拳头缩了回来，悄悄坐进小郎怀里，眼角瞥向茉莉。许久，“爸爸，我要回家，不想吃饭了。”老虎又一次被迫接受了“失落感”的练习。

更让人心疼的是，你一眼便看得出来，即便他只是个四岁的小男孩，却已经开始懂得，难过的时候，用自己的门牙紧咬住下唇，频频眨眼，眼泪或许憋得住，不会轻易掉下来。小郎摸摸他的头，在他的小脸蛋上亲了一下，又低头和他说了几句悄悄话，随后向我递了个眼色，领着儿子走开了。不多时，老虎一手一个甜筒回来，递给妹妹一个，脸上终于重绽笑容……

茉莉来到人世间，从一开始便知晓哥哥的存在，她压根没有经历过独一无二的宠爱，于是乎她得到多少就是多少，多点更开心，少点也无所谓。大概也缘于此，她总是笑眯眯的，憨气，随和，走到哪里都惹得一片怜爱，这怜爱又使得她越发地活泼自在。老虎喜欢耍酷，遇见陌生人总是先冷着脸，也常常因为丁点儿的小事儿敏感而紧张，有时脾气说来就来，倔强得很。也许只有我们才知道，这就是龙应台笔下所谓“老人的宿命[1]”吧，他的自我意识尚未萌醒，就被迫体验从“完满”到“残缺”的过程，被迫学习“分享”和“谦让”的美德，这些成人世界的生存法则，要一个两岁的孩子短时间内接受并掌握，想想是何等煎熬的事啊。

“面对这一切吧，你没得选择。”想必真的会有这样一个声音日日敲打在他的心上吧。天晓得他要如何不停地调整自己才应付得来这一切啊。

转眼，三岁的茉莉也进入了老虎所在的幼儿园，每天一起上学放学，路上聊着彼此班上的趣事，哪个小朋友前一天尿了裤子，哪个小朋友生病没有来，哪个小朋友整天哭哭啼啼。某天早上，趁着送老虎进班的空当，我和他班里的老师闲聊了几句，“你们家 Tony，平时斯斯文文的，关键时刻英勇得很哦，昨天上午在操场上活动，茉莉大老远跑过来找哥哥，Tony 捧起她的小脸亲了一口，我们班的几个孩子也觉得妹妹可爱，就过来和她牵手，有个小男孩挺调皮的，直接伸手去摸了一下妹妹的小脸，哎哟，Tony 马上生气了，一把推开他，挡到妹妹前面，不准他过来，眼睛里都有小泪花儿了，气得鼓鼓的。”还有这样的事情？我脑子里不禁闪出当时的画面来……老虎回家可是只字未提啊。

记得很久之前在网上看过一段视频，每个受访者讲三五句话的

---

〔1〕详见散文集《孩子你慢慢来》，龙应台著。

样子，大意是向亲人表达埋在心底的关爱之情。只记得一位做厨师的帅气小男生，一身白工服，对着镜头缓缓地说："妹，虽然很少见面，有心事的话，记得打电话给我哦，哥哥永远都在……"

茉莉，记得打电话给哥哥哦。

在“父母至高无上”的家庭氛围中长大的我们，轮到自己做爸妈，好像忽然有了某种觉醒。然而，当我们试图调转船头，让民主的细节落进育儿的理念和实践之中，却发觉这并非易事。

玩转权力的游戏

“你说茉莉怎么那么喜欢告状，屁大点小事儿也颠儿颠儿过来说一通，一会儿哥哥摸她裙子了，一会儿哥哥用她杯子了，娇气的哟。”宝贝们都睡下了，我坐在沙发上叠衣服，不禁想起白天发生的一幕幕闹剧，真是吵得脑仁儿疼。

“因为告状好用啊，哈哈，尤其跟你。”小郎两眼盯着电脑屏幕上的邮件，漫不经心地回应我，“你没发现吗？告状的经常是那个先挑事儿的，嘿。”

“啥？那我不出手怎么办？老虎那大嗓门，连珠炮似的，还一肚子歪理。茉莉哪里是他的对手？”我不服气。兄妹间相爱相杀的场面在每个清晨和日落上演，作为三人小组的“头目”，我常常被裹挟在其中，充当仲裁者的角色。

“哈哈，他那大嗓门还不是学你？你整天说一不二的，发起脾气来，啧啧……谁在家里有权威，他就会模仿谁，求上位啊！”小郎扭过头看我一眼，见我已然两手叉腰，他即刻收回眼神又去看邮件了。

“这说来说去怎么都成了我的错？我凡事都讲公道的好不好，谁对谁错，必须给他们分析明白，让他们心服口服。爱告状不好，大嗓门嚷嚷也不对，得各论各的。你整天做甩手掌柜，回到家和事佬一个，什么原则底线都没有，跟这儿瞎总结什么呀。”

“哎哟，领导，是您主动征求我意见的呀。再说，您怎么说着说着又开始捧一个踩一个了。您一夸茉莉爱洗澡、爱干净，总得加上一句‘看哥哥整天脏兮兮的’。回头夸老虎手脚麻利，吃饭穿衣都痛快，又非得说‘你瞧妹妹这个小磨蹭鬼，出个门能急死人’。我没乱讲吧，都是领导原话吧。您这整天比来比去的，搞得孩子好好做事的动机都不纯粹了。还有啊……”小郎见我不作声，忽然住了口，“我还能继续说吗？明早还给饭吃不？”

“继续，还有什么？”我双手抱臂，坐进沙发里。

“咱先说好，就事论事哈，不准发脾气。”小郎敲了几下键盘，合上笔记本，一出溜，滑着转椅转到我眼前，“还有啊，你别总担心小的受欺负，咱俩从来都不动手打孩子，老虎也从没打过妹妹，对吧？‘不动手’的规矩早就立下了，他一直知道遵守，他有分寸的，你得相信人家。不过打打嘴仗，能有什么了不起的。再说，茉莉这小不点儿也得在战斗中成长啊。她眼泪叭嗒地来告状，哦，你一觉得她可怜，立马出来替她撑腰，这可好，她更觉得自己可怜了，越自怜越痛苦，越依赖你的帮助和安慰。你剥夺了女儿自己解决问题的机会和权利啊，要她怎么学会勇敢，怎么独立面对现实，怎么和他人赢得合作？你说是不是？”

“哟，还会排比句呢。”我不禁笑出声来。不过，事实的确摆在眼前，每次小鬼们起了纷争，我便自以为代表着光明与正义，常常不请自来，急急出手干涉，企图三言两语平息是非，火速恢复平静，结果愈是想摆平，愈是摆不平，“胜者”得意忘形，恃宠而骄，“败者”心有不平，寻机报复，而我，在貌似民主实则独裁的调停过程里，也并没有让两个小家伙真正学到什么相处之道……

“那要我怎么办？假装没看见，随他们自己闹去？”

“有什么不可以？不试试怎么知道？你看茉莉怎么从来不跟我告状，她知道没用啊。养孩子没必要过度关注，人书上早就写了。”他顿了顿，“嘿，我说，你这从早到晚吆五喝六的，一出面，他俩乖乖都从了，是不是觉得特威风？权力的游戏啊，哈哈哈。”

“滚！”

“放权不放任，领导你懂的哈，咱都听你的。”说完，小郎嗖一下又转回书桌前了。

嘴上一百个不认，心里却默默点了头。在“父母至高无上”的家庭氛围中长大的我们，轮到自己做爸妈，好像忽然有了某种觉醒。然而，当我们试图调转船头，让民主的细节落进育儿的理念和实践之中，却发觉这并非易事，且不说身体里的惯性时不时拖拽着我们继续沿着老路走，单是真正搞懂所谓“平等与尊重”是什么，就要大费一翻心思呢。

那几日，茉莉夜间咳嗽得厉害，晚饭后，我们陪着她去附近的医院做雾化治疗。二十平方米不到的房间，四五个孩子戴着面罩，同时在冒着烟，帝都的空气真是委屈了这些气管敏感的小娃。老虎赶紧搬来三个塑料板凳，在一个人少的角落摆好，安排妹妹坐到中间。我从口袋里翻出面罩，护士进来往雾化杯里注射好药物，把胶管插到机器上。“该死，松紧绳不知丢到哪里去了。”我在包里一通乱翻。“唉，妈妈，真拿你没办法，妹妹你快坐好！”说着，老虎握住雾化杯把面罩扣到妹妹脸上，没了松紧绳套头，全程只能靠手举了。茉莉坚持要自己举着，老虎心里不悦，好像一身功夫没了施展之地，闷头坐到一边。茉莉举了没两分钟，眼看面罩已滑到下巴那里了，老虎接过来重新帮她扣到鼻子嘴巴上，这一回，茉莉主动放开了手。

“妈妈来吧，好吗？”我眼看烟雾呼呼喷到空气里，真不知茉莉到底吸进去没有。

“不用不用，我给妹妹举着。”老虎坚持。

手机忽然响起来，是好友刚生了宝宝，奶水跟不上，问我都喝过哪些荤汤。治疗室里放着动画片，吵得人听不清楚，我看老虎举得端正，便示意他俩，"妈妈到门口接一下电话"，老虎点头，身子又向妹妹那边靠了靠。

说完猪蹄汤和鲫鱼汤的事，女友又顺口抱怨起老公只顾孩子而忽略她的种种不满，我嗯啊听着，眼睛隔着玻璃窗不时瞟一眼里面，两人一动不动地坐着,眼睛盯着对面墙上的电视机。老虎大概嫌累了，左手托着右胳膊，面罩仍稳稳地扣在茉莉脸上。茉莉伸手又要自己举，老虎不知对她说了几句什么，茉莉犹豫了一会儿，又把手放下了，乖乖接受了哥哥的安排。

女友叽叽呱呱，怨气像是积了许久，我方才觉出，打听催乳汤也不过是个由头，她真正需要的是找个地方松快松快，我也只好在电话这头匆匆煲起鸡汤来。

眼见茉莉的面罩已不再喷气，雾化应该结束了，我不得不对女友据实相告，女友得知我们在医院，反倒一通抱歉。挂了电话，各自调回眼前。我推门进去，老虎仍在替妹妹举着面罩，膝盖支得高高的，胳膊又架在膝盖上，他倒总有办法。

“撤！药都喷完了，没气了。”我关掉墙上的开关，接过老虎手里的雾化瓶，足有二十分钟，哥哥握得一手心汗。

“累死我了。”老虎甩着小膀子，“哎哟喂，再也不举了。”

茉莉挽起老虎的胳膊，眯眯眼，皱起小鼻子，“谢谢哥哥。”

“来，喝口水，你们俩。”我掏出水壶递给他们。茉莉刚想喝，老虎一把抢下，“护士说做完雾化不能马上喝水，得等等。”他举起瓶子咕咚咕咚自己灌下几口。

我以为茉莉一定还会抢着喝，结果没有，“回家再喝，我。”她站起身，径直向门口走去了。

温馨的画面维持了十分钟不到，进了家门，我赶紧钻进卫生间给他们放洗澡水。茉莉嗓子有痰咳不出，哭叽叽的，人也打蔫儿了，得早点休息才好。我也跟着熬了几个晚上，眼皮已经直打架了。

忽然听到茉莉哭起来，我急忙跑出去瞧，“哥哥抢我的拼图！”原来两人都想拼同一张，老虎正紧紧抱在怀里，不肯撒手，“谁先拿到谁先玩！这是规矩！”哥哥义正词严。

茉莉哭得更凶了，本来就咳嗽，这一哭，更是咳得喘不过气，脸憋到通红，一副要呕出来的样子。

“哦，这样啊。”我强压下心里的怒火，转身又回到了卫生间，妹妹仍在哭。我在心里笨拙地倒数，挺过一分钟，如果他们仍然搞不定……

忽然，只听“啪”的一声，“给你！给你！哼！再也不和你玩了。”我探出头偷偷瞄了一眼，原来哥哥把拼图一把扔到了地上，小方块散了一地，他人已经跑开。茉莉的哭声渐渐止住了，捡起小方块自己拼起来。

很快，哥哥骑着扭扭车从卧室里冲出来了，围着茉莉打转，茉莉却不理他，看来两人已陷入冷战。

又过了一会儿，“哥哥，这一块怎么放不进去呀？”茉莉显然没有把拼块放对地方，严丝合缝无望，情急之下便举起小胖手往凸起处猛砸。

“哎呀，错啦错啦，妹妹，这块不是放这里的。”哥哥说着从车上下来，跪到茉莉身旁，抠出错位的小方块，又在那一小堆方块里扒来扒去，似乎很快找到了正确的那一块。

我默默舒了一口气，“放手”这一招还真的有效呢，转身再看澡盆，“哟，天哪！”水眼看要溢出来了。

“让我把它放进去！”茉莉又来了。

“是我帮你找到的，我来放！”老虎粗声大气。

“不可以！我来放！”

“哼！小气！”啪一声，老虎摔下小方块又离开了。

“都别吵了！洗澡！茉莉你先洗，赶紧给我过来！”我还是没搂住火，叉着腰，从浴室里蹿了出来……

PART 6

快乐的早教

孩童开始用自己有限的词汇描绘他眼中无限的新奇，生活里的琐碎细节如一个取之不尽的素材库，只要他醒着，天地间仿佛总有的开辟。

世界崭新，等你命名

老虎很晚才开口讲话，两岁半之前，只喊得出“妈妈”和“爸爸”，余下的需求和想法全部依靠肢体表达。想出去玩，便从鞋柜里掏出我和他的鞋子，然后拿起钥匙站到门口；拉了臭臭，他会去箱子里取一个纸尿裤，手里握着，然后四仰八叉躺到地毯上；饿了要吃东西，就站到冰箱前，扶着把手一动不动。我揣摩他的表情和动作，若猜对了，他认真点头，若是没猜对，他会重复一遍，添一些新动作，直到我明白了为止。

起初，我难免有些心焦。和老虎一起长大的同龄宝贝们，过了周岁，伴随着学习独立走路和进食，已经陆续开口，进入单字单词的阶段，不出个把月，呆萌的AABB式叠词表达也慢慢冒出来。两岁左右，不少语言能力强的宝贝已开始模仿大人，发电报般蹦出一些简单的小句子和爸爸妈妈交谈了，看着他们有来有往的，心里还真是羡慕呢。可我家这只老虎，任凭我和小郎怎样启发引导，自己嘴巴张得老大，大猩猩般手舞足蹈，他也只是看着我们嘿嘿笑，决然不肯甩出一个词来。老虎的美国儿医又总是一副“道法自然”的医学观，“每个孩子有他自己的生长节奏，只要他身体健康，心情不错，平日里和你们有互动就很好啊，适当引导，慢慢等待嘛”。也难怪，老虎偶尔感冒发烧，我邮件或电话过去，儿医总是一翻询问后，料无大碍，便笑呵呵地奉上他的诊疗套路，“多喝水多休息，尽量让他自己扛”。久了，我也部分顺应了美式育儿的思路，take it easy，不再拿着幼儿生长发育技能指标暗地里瞎猜度。

回国后，两岁多的老虎仍旧比比画画，靠着几根小指头，嗯啊嗯啊指点天下，亲朋好友见我和小郎对此没有一点纠结和焦虑的意思，便跟着说几句“贵人语迟”之类的客套话，笑笑也就过去了。倒是偶尔路上遇到的某些陌生老人家，知道老虎还不会讲话，便拧着眉头，一副大事不妙的表情盯着他看，要么深挖我们的生活细节，誓要破解背后的原因，要么建议我们去看医生，万不可耽误了治疗。我每每笑着点头，心下却总想说：“他只是还没有准备好吧，不想讲，这有什么不可以的呢？”

谁承想，伴随着茉莉的出生，老虎仿佛一夜之间进入了语言爆发期。也许他模糊地意识到，自己的江湖地位已然受到威胁，再不讲话就来不及了。单是这样想想，便心疼起这个小哥哥来。谁知道呢？重压之下急待突围也好，语言细胞被成功激活也罢，anyway，老虎的小宇宙终于燃烧起来了。“兔”“猴”“鱼”“妹妹”“这个”“不要”，我在自己的日记本上用红色马克笔记录下他每日吐出的新鲜字眼，和他共同体会着新技能 get √的快感。

起步虽晚，进展却蛮迅猛。三五个月后，老虎开始用完整的句子和我们交流了，乐趣一下子多起来。

见我切菜时不小心割到手指，他颠儿颠儿跑去告诉小郎：“妈妈刚才给自己开刀了！”

领他去博物馆，他指着古罗马的裸体人物雕塑问我：“妈妈，这个叔叔是刚洗完澡吗？”

一日清早，我躺在床上头昏昏的不想起来，他便把小手放在我的肚腩上来回摩挲，“上坡，下坡，上坡，下坡。”

“哪里有坡？究竟哪里有坡？你个讨厌鬼！”我愤愤地坐起身来。

孩童开始用自己有限的词汇描绘他眼中无限的新奇，生活里的琐碎细节如一个取之不尽的素材库，只要他醒着，天地间仿佛总有的开辟。在他的嘴巴里，词语间的每一次新鲜碰撞都带给他自己一个别样的体验，见我们总是认真聆听而后笑着点头，便越发大胆起来，他要“飞到天上去吃棉花糖”，他要“从土里挖出火山来”，他说自己在“游泳池里打败了一条鲨鱼”，他举着剪刀要“去给家里的吊兰理发”，他要“把斑马从动物园里牵回家来”饲养，他站在客厅的窗前一本正经地和月亮打招呼，“哈喽！哈喽！”月亮不理他，他觉得人家很没有礼貌，悻悻然地转身回屋了。

再后来，和多数小男孩一样，老虎进入了对“屎屁尿”的迷恋期，“狗屎”“粑粑”“臭屁”，简直成了他日常用语的三件宝。无论是在怎样的语境下，也无论是在何种情绪里，他似能将宇宙万物都与这三宝扯上联系，然后一遍遍地重复，仰天大笑，乐此不疲。我本着宜疏不宜堵的原则，屡屡把他的兴趣点引向别处，他却总能三五句扳回局面，继续享受着“屁股”话题带给自己的力量感和存在感。光自己说还不过瘾，他还把这“至尊三宝”耐心地教给妹妹，刚刚冒话的茉莉，本就把哥哥当作自己的role model，见哥哥如此热情，自然卖力地跟读。很快，屎屁尿及其各种衍生词变形词占领了小女生为数不多的词汇库，以至于每次出门，街坊邻居夸她可爱，我都道了谢拉她匆匆走开，生怕她突然奔放起来，笑眯眯甩出个“狗屎”之类的狠话出来。

四岁半开始，随着词汇量的大增，老虎开始大段大段地编讲故事，在自己想象的世界里呼风唤雨。孩子个个是天生的“谎言家”，有时是迫于情势而作出的自保，有时是纯粹出于玩心捉弄一下周围的人，而更多时候，正如幼儿园里的老师们所言，他们无力区分真实与虚幻的清晰界限，讲着讲着便走进自己的魔幻现实，玩起了角色扮演，自得其乐。

“妈妈，我昨晚做梦，梦见我被一个大蜘蛛网给粘住了，爬不出来。我用刀，把网给砍断了。后来我就去爬山，背了一个氧气瓶，穿的是潜水服，快要爬到山顶就掉下来了。掉下来发现我没死，嘿！我就醒了。”

“妈妈，我班里新来了一个女孩，名字叫刘拉花，拉屎的拉，花朵的花。她每天都哭，一点儿也不乖。午睡的时候在教室里到处走，我不想和她做朋友。她还有个小弟弟，叫刘屁虫，屁股的屁，虫子的虫，就在妹妹他们班，上午做操的时候我都看见他了。

“妈妈，我肚子里有25头小绵羊，下个礼拜我就得去住院，把它们生出来，我不能再上幼儿园了，不然谁照顾这些小绵羊啊。它们得喝奶瓶，换尿布，唉，想想我就觉得累啊妈妈……

“妈妈，我明天早上出差，去新加坡开会，周末再回来，你有事给我发邮件。我先去电脑里看看几点的直升飞机，哎呀，其实我坐火箭去也行，啧，得打个电话订一下，坐喷气式火箭。

“妈妈，我好想快点长大，像你一样喝咖啡，像爸爸一样喝啤酒，跳进冰激凌车里随便吃，就睡在里面，睡醒了接着吃。”

我只觉得好玩，向来不拆穿他，有时陪着他一起往下编，成人逻辑却总是不自觉地跳出来在前方竖起藩篱，我因此更加羡慕老虎，他可以如此无拘无束，天马行空。他说下次再看烟花，一定要仰起头张开嘴巴，等着烟花落进来；他说恐龙跺脚，就好像他一屁股坐上了钢琴的低音区；他说茉莉才是真正的白雪公主，我和他就是两坨冒着烟的臭狗屎……

后来，他不再满足于自己编故事，而更愿意参与到大人们的讨论中来，尤其喜欢爸爸口中的那些男人们的话题。某天，小郎一个久未谋面的哥们儿来家做客，老虎大概觉得这位叔叔性情温和好亲近，便三蹭两蹭坐到人家身旁，吃吃喝喝间慢慢热络起来。不管爸爸和叔叔聊什么，他每个话题都试图介入，B轮融资、马拉松跑表、CPA考试、酸汤鱼火锅、车险性价比，我都懒得仔细听，老虎却抻着小脖子，通通有自己的“真知灼见”急需发表，屡屡引得大家爆笑。毕竟是在家里的老友小聚，轻松随意的场合，我没理由阻止他的参与，便只好在一旁不时地小声提醒：“宝贝，随便打断别人讲话可不礼貌，等人家说完咱再说，不急。”可孩子哪有那么容易学得“等待”一事，嘴里嗯嗯答应着，转过头去，几次欲言又止，挺不过半分钟，见自己再插不进去，索性扯起嗓门重开话题，“我们幼儿园的肉龙超好吃，真的。”两个大男人愣了半晌……

一日阴天午后，闷闷的，我们母子三人坐在客厅的藤椅上，一人手里捧一碗葡萄发呆，忽然，窗外闪过一道白光，紧接着一串响雷炸开，吓了我们一大跳。茉莉转身看一眼，低头继续吃。老虎愣住了，葡萄汁顺着嘴角流出来，滴在衣襟上。

“哟！要下大暴雨了！”我起身去阳台关窗。回来时，老虎已放下手里的葡萄，趴在窗边目不转睛地盯着窗外。

“是闪电，儿子，不用怕！”我拿纸巾给老虎擦干净下巴，盘腿坐回藤椅。

“闪电？！什么概念？”他从哪里学到了“概念”一词？

“云层放电，正负电荷撞到一起，大概是这样吧。”再多解释两句，文科生妈妈就要露怯了。

老虎不作声了，忽然又一道白光劈开云雾照亮天空，雷声轰然而至，山崩地裂般，比上一轮还要恐怖，老虎不禁退后几步，“哇！”

两个小家伙谁也没有躲进我的怀里来，天空愈发昏暗了，狂风怒卷，我们仨就呆呆地坐在各自的位置上，等待着那暴风雨的降临。

“妈妈，哪里能买到闪电？”沉默许久，老虎终于发话了，语调异常平静。“啊？买闪电？……超市？”跟他贫久了，我也习惯了顺口胡诌。“真的？”老虎表情严肃起来。

“不然，晚上，等爸爸回来，一起去超市看看？”主妇瞬间想到家里的酸奶牛奶鸡蛋已经通通吃光了，冷冻柜里连块猪肉也没有了。

“好，等爸爸回来，我要去买闪电。”见窗外没了动静，他重新端起那碗葡萄，乖乖吃起来。

晚饭后，暴风雨停歇了，天空重又明朗起来。忽然，门铃响了，是小郎从青岛出差回来了，亏他明智，及时改了高铁，否则，这样的雷阵雨天气，他今晚是绝到不了家了。两个宝贝一齐冲过去要抱，爸爸放下背包，伸开双臂一手一个，险些被他们坠倒。很快，老虎从爸爸包里翻出了烤鱼片和鱿鱼丝，立即和茉莉对坐着吃起来。小郎得空坐到饭桌旁，我从冰箱里开一罐啤酒给他，便去厨房开火，帮他把事先留好的饭菜回锅热一热，只听他们父子俩在那儿有一句没一句地聊开了。

“爸爸，你快吃，吃完我们去买闪电！”老虎竟然还记得。

“买闪电？”小郎差点被啤酒呛到。

“刚才天上爆炸了，那就是闪电，好炫呢！”老虎言毕又扭头看看窗外，天空早已被暴雨洗刷得蔚蓝如镜，让他为之着迷的闪电，天空哪里留得住啊！

“去哪儿买啊？”爸爸笑着继续。

“妈妈说超市就有卖！”老虎的语气无比肯定，仿佛他已看到闪电挨着养乐多，就码在那高高的货架上。

小郎嘿嘿笑着，故意咳嗽两声，“爸爸一会儿得去剪个头发。唉，妈妈自己挖坑自己填吧。”

“什么坑？用锹挖的吗？”老虎眼珠一转，又跟着来了精神。

我放下手中冒着热气的腊肠荷兰豆，假装什么都没听见，转身又回到厨房，趁着烧水的空当，掏出手机，点开备忘录里的“虎言乱语”，把他们爷儿俩刚刚的对话记下来。

《百年孤独》有一个经典的开头，人人都迷恋那一句“多年以后……的下午”，惊诧于叙事时间在其中翻转跳动的魔力。而我读来最为之震撼的却是开篇后的第三句，“世界新生伊始，许多事物还没有名字，提到的时候尚需用手指指点点。”当我试着钻进老虎的内心，用他的眼睛打量这崭新的天地时，便愈发觉得这句子是多么的质朴动人。世界崭新得还没来得及命名，哇，没有约定俗成，没有陈词滥调，未知的语言等着你自己去想象去创造，听起来好兴奋好迷人啊，就让妈妈跟随你的引领，在这崭新的世界里一起去买闪电吧！

孩子们有他们自己的群体喜好，也许简单直接、热烈戏谑、朗朗上口的风格才是触及孩童心灵的音乐法宝。还是让我们彼此间互相尊重，敞开自由而柔软的心灵，共沐音乐的美妙吧。

触及孩童心灵的音乐

“……是我，是我，我是小雨滴，我从天空中落下来，告诉你告诉他，春天来到了。”手机里还在播放着《雪花和雨滴》。

“妈妈，下一首肯定是《拔萝卜》！”老虎铁口直断。

“是《蚂蚁搬豆》。”茉莉气定神闲。

“才不是！才不是！”妹妹记忆力超强，老虎时常被碾压得气急败坏。

片刻，“一只蚂蚁在洞口”飘出来，老虎噘起小嘴，“哼”一声扭过头去。

路上的时间最难打发，小鬼们被扣在后排的安全座椅里，除了吃喝和睡觉，最喜欢的事就是听儿歌了。我手机里只有一个音乐app，起初存的都是自己大学时代喜欢听的流行歌。老虎出生后，我照着“专家”给出的曲目单，往列表里加了好多古典音乐，莫扎特舒伯特肖邦舒曼维瓦尔第，自己谈不上多喜欢，却生怕宝贝们错过所谓的音乐敏感期。

记得那时，老虎刚刚能独立坐稳，我在家中随便播放哪支曲子当作背景音乐，他都没意见，只要手上有吃的，管它是《鳟鱼》五重奏还是《G弦上的咏叹调》，小鬼就只认那口塞进嘴巴里的香甜。

一周岁之后，常带老虎去图书馆上免费的音乐早教课，于是歌单里又加进了好多英文儿歌，*The wheels on the bus*，*I' m a little teapot*，*Row, row, row your boat*……或欢快诙谐，或温柔诗意，老虎每晚睡前都化身点唱机，让我挨首唱给他听，甩一只小腿在我的肚子上，一扔脚丫即是示意“下一首”。有时他纯粹觉得好玩，不等我唱完头两句，便扔上一脚，连着几脚下来，妈妈脑子里的曲库列表很快就被他拉到底了。

再后来我们举家回国，茉莉出生，老虎进了幼儿园，情况开始一点一点起变化。我仍旧一次次播放那些自以为“对”的经典乐章，试图引导孩子们及早走上所谓的音乐正途，结果却只显得自己笨拙而徒劳。

“妈妈，我要听《小手拍拍》。”一次短途旅行中，老虎在后座发话了。

“哦？好，我找给你哈。”摁下暂停键，我返回到搜索页面。

很快，集体联欢的节奏蹦跶蹦跶响起来，车里瞬间炸开了锅。

“……小手拍拍，手指伸出来……眼睛在哪里？眼睛在这里，用手指出来……小手拍拍，手指伸出来……鼻子在哪里？鼻子在这里……”

童声响脆，动感喧闹，开车的小郎眉头一皱，“就是这首吗？”

“对对对！就是这一首！”老虎兴奋了，伸出食指，紧跟着歌里的指令满脸戳，“妹妹，看我，他唱哪里，你指哪里！”茉莉得令，即刻忙起来，手指头还分不开瓣呢，啪啪打脸。

孩子们开始拥有他们自己的群体喜好了。谁知道呢？我暗暗猜想，也许简单直接、热烈戏谑、朗朗上口的风格才是能够触及他们心灵的音乐法宝吧。

当时，天已擦黑，陌生的城市里路况复杂，小郎想讨个安静，却又不忍坏掉儿子的兴致，好不容易挨到歌曲结束，刚想舒口气。

“妈妈！妈妈！大点声再来一遍！不，再来十遍！”小泼猴儿又下了道指令。

“啊？”我和小郎默默交换绝望的眼神，“好吧，妈妈给你单曲循环。”此后很长时间，我一直后悔让他知道了“单曲循环”这个功能。他哪里明白，不是所有的歌曲都经得起这单曲循环的考验啊。

那一晚，住在酒店，我觉得整夜的梦境里都有人在拍手，拍啊拍，拍完还拍……

从此，但凡听到喜欢的儿歌，老虎必要威风凛凛地喊出“单曲循环”这四个字来，于我，这四个字就仿佛那悟空头上的紧箍咒，勒得我脑仁儿疼。

“妈妈！《虫儿飞》单曲循环！”

“妈妈！《我是小海军》单曲循环！”

“妈妈！《玛丽有只小羊羔》单——曲——循——环！”

再后来，老虎和茉莉已不再满足于向我发出指令，他们夺过手机企图独裁，却又因为不识字滑着屏幕乱点而屡屡搞错，*Don't know why*，*Peace*，*Creep*，*Angel*，动人的旋律流出来，他们通通不买账。

“妈妈，这些难听的歌太多了，我都找不到自己喜欢的了。”

“哪里难听了？那是妈妈的青春好不好。”说得老虎莫名其妙，我也起了一身鸡皮疙瘩。

“青春？什么概念？”老虎执意要问个明白。

“哈哈！”小郎摸一把老虎的脑袋瓜，“没你之前，都是青春。”

转眼入夏，老虎的幼儿园组织海洋公园亲子一日游，由于是工作日出行，整个公园好似各大幼儿园的集体专场。老师在前面举着旗子，身后的小鬼们似一群群撒欢儿的野兔，左突右窜。中午，园里安排观看白鲸表演，走进场地放眼望去，满满当当的生猛小兽，叽喳不停，气温都似升高了2℃。还在候场中，场馆里飘荡着某部经典韩剧里的OST，我回想起男女主角初见时的种种浪漫桥段，以及接下来“绝症，车祸，治不好”的老套剧情。此时，老虎已经和他邻座的小伙伴聊上了，他主动拿出自己的零食，分一袋小饼干给人家，小伙伴的妈妈立即送上一块巧克力，两人都喜滋滋的。

一曲终了，我静静地期待着下一首，突然，“噔噔噔噔”的鼓点响起来，顿觉场子里风云突变！“我种下一颗种子，终于长出了果实，今天是个伟大日子……”神曲来了，全场的孩子们都沸腾了！瞬间，千人大合唱穿云裂石，在穹顶之下回响。家长们个个瞪着眼睛，被眼前的景象震撼了。这帮熊孩子们究竟是怎样中的魔？老虎前晚背诵“鹅鹅鹅”纠了他几遍还是“绿毛浮白水”，怎么唱起《小苹果》，爱来爱去的竟都不出错！高潮处，全场近一半的孩子都站起来，狂甩着小胳膊小腿儿，对着场地中央波光闪闪又空空荡荡的泳池，“点亮我生命的火，火火火火火……”观众席反成了舞台，真不知在水下候场的白鲸们此刻作何感想。

接下来的个把月，每天从幼儿园回到家，老虎都要拉着妹妹站到客厅中央，一人身披一条围巾，用别针扣在领口，大喊一声，“妈妈，单曲循环《小苹果》！”噔噔噔噔，二人组 high 起来，他们不知哪里学来的诡异动作，像交警指挥车辆，像超人振臂高飞，像农民伯伯下地插秧。

“妈妈，一起来跳！”看着两只小怪兽兴奋的表情，我也跟着他们胡乱蹦起来。三人越跳越快活，完全停不下来，一首接一首，待小郎下班开门进来，撞见我们娘儿仨头上各系着一条小丝巾，正站成一排卖力跳着鸟叔的骑马舞，“哟，party 呢，打扰了。”小郎憋着一股坏笑。茱莉的肥大短裤已经滑到膝盖，老虎的鼻涕也过了河，从小郎的眼神里，我料定自己已然跳成一个疯婆……

见鬼去吧，《塞尔维亚理发师》序曲！

假期来了，我们载着宝贝们开车回老家，又是一轮漫长旅途，我备下充足粮草，以迎接沿途的各种出其不意。路程过半，打开播放列表，童音潺潺，两只小鬼边吃边玩。暖阳打在他们身上，天然催眠。胃口得到满足，困意便袭上来，嘴上还挂着妙芙的渣屑，两只小脑袋瓜慢慢溜向一边睡着了。

“天啊！总算睡了，快，快，赶紧换一首，再也不要听什么《小毛驴》了。”小郎的忍耐已到极限。

“哈哈，我找找看。先来一首《鱼》吧。”我终于可以打开自己的播放列表了。

陈绮贞叮咚流水般带着微弱童音感的歌声缓缓飘出来，仿佛一人自说自话，小女生般的淘气和任性，如初夏的晨光，微凉中渗透出隐约的暖意。

“《山丘》！”待陈绮贞哼唧完，小郎点名要听那把烟熏火燎的老嗓，那是近来他上下班路上的最爱。

李宗盛，呵呵。平日里意气风发的郎 sir，好像忽然沉浸到老男人未如愿却已白了头的沧桑里，一言不发……想起前几日聚会，朋友打趣他脸上的鱼尾纹，“嘿！要不要打点美容针啊，照镜子瞅瞅，恨不能夹死一只苍蝇了。”他听了也跟着大家爆笑，然后火上浇油地继续自黑。

车子在跨海大桥上飞奔向前，双塔斜拉钢索把视野中的远方切割得明朗又诗意。路漫向天际，冷气开到 19.5℃，车窗之外海雾笼罩了时空，我和小郎似乎被暂时隔离在凛冽的现世之外，默契地互不言语。

“喋喋不休，时不我予的哀愁……”

一个钟头过后，老虎醒来，车里正播放着《入殓师》的原声配乐。

忽然，他好似漫不经心地问起我：“妈妈，你小时候听什么歌？”

“哦？妈妈呀，《小螺号》啊，《熊猫咪咪》《小燕子》《蓝精灵》啊什么的……”

老虎不作声，大概是这些陌生的曲名难以让他有所共鸣。

我慢慢回忆着，恍惚又记起一首《送别》，似乎是儿时妈妈唱给我的催眠曲。

“妈妈给你找一首好听的歌，等着。”

我一边搜索，一边在心里暗自打赌，老虎一定听不过三句半就得要求换歌。

“长亭外，古道边，芳草碧连天，晚风拂柳……一壶浊酒尽余欢，今宵别梦寒。”不知不觉，老虎竟然完整地听到底了。这样意境悠远的歌词，五岁的泼猴儿能听出个什么鬼！

“妈妈，我们班也有个女孩叫刘梦涵。”

“啊？”我愣了半天，原来他听出了“梦寒”二字。

哼，还真是难为这傻小子了，歌里没有小猫小狗，也没有手脚眉毛，具象的身边事物通通不在，要他如何与自己的世界相勾连？

“挺好听的……单曲循环吧，妈妈。”轻声细语从身后传来。

“真的？好啊，循环。”难道他还处在半梦半醒的开机等待状态中？我惊异于这傻小子的口味变得如此突然。

我回头看，老虎脸冲着车窗外，正发呆呢，两只胳膊懒懒地搭在座椅扶手上，另一头的茉莉还在睡，头斜抵着靠背，张着小嘴巴。

“真好听……有点难过呢。”

“你听出难过了？哎哟儿子你竟然能听得出难过！妈妈跟你讲，这首歌……”做妈妈有时候真的很白痴，我叽里呱啦地开始为他讲起歌词大意，还忍不住自我陶醉般引经据典起来，“南浦凄凄别，西风袅袅秋”“挥手自兹去，萧萧班马鸣”。老虎突然提高嗓门打断我：“妈妈你好吵啊！我都听不见她唱了。”

小郎“噗”的一声笑出来，我闭上嘴巴，狠狠瞪了“老男人”一眼，顺手给出一拳。

唉，不知道老虎班上有没有同学叫常婷和谷道呢……

原来，音乐的抒情本能自有其原始而蓬勃的魔力呢，渐渐地，我似乎悟出了一点点道理。既然如此，在这条润泽而丰美的梦幻之路上，还是让我们母子二人，彼此间互相尊重，敞开自由柔软的心灵，共沐音乐的美妙吧。

"妈妈，我会不会有一天死掉？"

"会。"面对小屁孩的终极发问，我本能地选择了直给。

"死掉了，还能不能每天见到你？"

"嗯……妈妈会去找你。"糟糕，眼泪怎么流出来了，幸好，黑暗中他们看不见。

妈妈，聊聊死亡的事吧

"他刚被战友们救出来，准备撤离现场，其中一个掩护他的战友，就是他最好的那个朋友，脸上有刀疤的那个叫什么来着，突然遭到敌人偷袭，中了一枪挂了。后来他们去解救人质，他另一个战友，那大饼脸，也挂了……"某个周六的清晨，我一边在平底锅里煎着鸡蛋，一边向小郎剧透他昨夜看到中段因一通电话而错过的电影。

"啊？都挂了，这么惨！"小郎给我们每人倒了一小杯橙汁。卧室传来茉莉的喊声，小郎转身进屋抱女儿了。

"妈妈，什么叫'挂了'？"老虎突然发问，他正跪在桌边，守着多士炉，等那即将到来的"砰"的一声。

“啊？‘挂了’……呃……”这样戏谑的字眼，是不是晚点进入他的词汇库比较好呢？我一时语塞，死掉？逝世？嗝儿屁？永别？牺牲？怎么解释更好？我平日里常常忘记两个孩子在场，和小郎讲起某事时，言辞粗粝来不及过滤，小孩子偷听来反倒觉得新鲜，暗暗记牢，他处活学活用，惹出过不知多少笑话。

“‘挂了’就是不在人世间了，是死亡。”我看着他的眼睛，那是尚未接触过如此沉重命题的四岁男孩儿的一对清亮眸子。

“死亡,就像我们养的那几条小鱼？”老虎展开了类比。在他那里，两块钱一条的小黑鱼，和人命比起来，丝毫不轻贱。

“嗯，差不多吧。人死掉的话，唉，什么都没了。”我说着，竟也操起“夕阳红”的口气了，真是没劲。

上次去市场买菜，我顺手买回几条黑色小金鱼，鱼网鱼食鱼缸水草，配了个齐全，定时换水喂食，结果没出一周还是相继都死掉了。老虎和茉莉看着我把鱼缸端到马桶边上，“哗啦”一声，最后一条死掉的小黑鱼打着旋儿转进了下水道。兄妹俩面无表情，瞄一眼马桶，踩着各自的滑板车，嗖嗖地闪开了。

“人死了就是再也见不到妈妈了？”

“嗯……也不一定吧。也许妈妈早在天堂的家等着他呢，正忙着打扫屋子呢。”

“天堂，不在地球上对不对？”我猜地球在他的脑袋瓜里已是想象的极限了。

“说不好，也许在半人马座之类的？”我小声嘟哝着。

“砰”的一声，两片吐司弹出来，老虎的眼睛瞬间转向食物，他把烤好的面包拽到盘子里，重新塞两片进去。死亡一事暂被搁置一旁，老虎摁下手柄，盯着烤炉，耐心地等待着下一轮的香脆焦黄。面包片也有自己的一趟旅程，由松软到香脆，尽在他眼底。

“来吧，吃早饭。”小郎抱着茉莉从卧室出来，“一会儿爸爸带你们去野生动物园。”

周六上午，照例塞车，时近五月，出城踏青的车流把我们牢牢困在环路上。茉莉怀里抱着故事机，反复听着《小马过河》，老虎眼睛一直瞥向窗外，厌倦了一脚接一脚的刹车。

“妈妈,你什么时候会挂了？”老虎的口气轻松得像是在问“妈妈，你今晚几点回家”。

“把‘了’去掉，时态有点乱。”

老虎没听懂语法上的要点，却仍在等着我对自己的死亡预判。

“你连什么是‘挂了’都知道？哎哟你们娘儿俩，交流还真是有深度啊。”小郎嘿嘿笑了。

“妈妈也不知道啊，儿子。就在该挂的时候挂吧，呵呵。”

“下个礼拜，会不会挂？”老虎发力了。

“啊？有点早吧。”我忍不住咬紧牙关。

片刻沉默之后，“妈妈，下个周末我不想去看牙医。”Oh my god，他终于露了本心。

车流依旧拥堵，临近中午了，还有二十多公里的路程，不知不觉，两个小娃在停停走走中睡着了。

“记不记得半人马座阿尔法星？”记忆里的某个片段跳出来，我问起小郎。

“当然记得，你在欧米茄。”他狡黠一笑，“哦，对了，看新闻没，霍金不是开了微博嘛，说是正在研发纳米飞行器探索外星球，成功的话20年内可以抵达半人马座阿尔法星。说不定我们未来真的可以去那里哦。”

十年前在锡耶纳，我们坐在广场的台阶上吃冰激凌，小郎忽然没头没脑地讲起阿尔法星团，吧啦吧啦，各种数据，大概是前一晚在网上追了好多太空照片。我只当是理工男的自得其乐，全然不知他说的是什么鬼，却恍惚记得他最后补了句：“如果能死在那里也不错哦。”

“那我呢？那我呢？我们有没有死在一起？”恋爱中的女生迫不及待地追问。

“你啊，你去欧米茄好了。”

“欧米茄不是名牌表吗？”

“啧啧，也是一个星团的名字啊，傻瓜。”

“哦，离你那个阿尔法远吗？”

“都在半人马座。”

“那来世做邻居咯？也不错。喂！到底有多远？”

“反正听不见你嘮叨。”

“天哪，人比动物还多，这到底是谁看谁啊？”车子终于驶入野生动物园的自驾区，我买好门票，准备叫醒老虎和茉莉。两个呆儿揉着眼睛满脸的不情愿，一副就算斑马把头伸进车窗里也想继续睡下去的臭模样。

“嗯哼，咳咳，这个棒棒糖是水蜜桃味的吗？”小郎不知从哪里变出两支棒棒糖来，擅自越过我的审批程序直接举到他们眼前。

“爸爸你在说什么？！”“我要香橙味！”兄妹俩瞬时瞪圆双眼，抻长脖子，上半身通通直起来，再不见一丝的起床气。

后座两侧的车窗被摇下来，两个满血复活的小鬼，嘴里美滋滋地嘬着香橙味和水蜜桃味，小胖手指着远处正在散步的大黑熊，争先恐后地打起招呼来，“Hello！比尔！”“哈呦！比矮！”好像和它们很熟的样子。[1]

四月，草长莺飞，我以为野生“比尔”们会一派勃勃生机有朝气的样子，可它们不知是午后犯困还是无聊至极，都懒懒地瘫在石头旁，连猎豹也没一点跑动的意思。行至鳄鱼池，只见四只鳄鱼张着大嘴巴，一动不动匍匐在地，简直趴成了一组石雕像。

“妹妹，你看，这鳄鱼肯定是挂了！挂了！”老虎大概体会到了“挂了”一词脱口而出时的气势和快感。

---

〔1〕绘本《小塞尔采蓝莓》，（美）罗伯特·麦克洛斯基著，书中的小熊叫作比尔。

“鳄鱼？挂了！挂了！”茉莉眼中，哥哥一言一行皆是榜样，她必要模仿两下才甘心。我好后悔这个词被他们学到，命如草芥，失了应有的敬畏。

“人家打盹儿呢，你们两个小坏蛋。”小郎踩实刹车，想让他们多看一眼，后车的喇叭声立刻哔哔哔响起来。大家都挤在一条单行道上，只有往前奔的份儿，容不得谁缓息。

傍晚回到家中，我和小郎忙着烧菜做饭，小娃们坐在沙发上看动画片。老虎跑到厨房找水果吃，看我正在清洗解冻好的肋排，被肉里渗出的血水吓了一跳。“糖醋排骨吗，妈妈？”

“对啊，等着哈。”

“是谁的肉？”童音里带着单纯的质疑。

“啥？哦，猪啊，猪身上的排骨啊。”这怪问题搞得我突然不想碰这坨肉了。

“它死了吗？你确定？”

“当然。”

“人死了会不会被吃掉？”

“啧啧，不会的，瞧你问的问题好吓人，人死了会被烧成灰，埋到土里。”

总算熬到睡觉时间了，破天荒的，老虎今晚竟然不想听故事。

“妈妈，咱们聊聊死亡的事吧。”关掉台灯，他主动在枕头上躺好。

“呃，好，聊聊呗。”臭屁娃循序渐进一整天，这会儿要在黑暗中放大招了?

“妈妈,我会不会有一天死掉?”

“会。”面对小屁孩的终极发问,我本能地选择了直给。

“什么时候?”

“在很久很久以后吧。”

“死掉了,还能不能每天见到你?”

“嗯……妈妈会去找你。”糟糕,眼泪怎么流出来了,幸好他们看不见。

“妈妈,我们家谁会先死掉?”

“我们家?”

“就是我、妹妹、爸爸,还有你。”

“啊?”我心里咯噔一下,这泼猴儿为什么要问我如此凶残的问题?!我向来不喜欢说那些长命百岁永不分离的漂亮话,也编不出童话般的浪漫说法安抚他们,我在黑暗中拼命燃烧着自己的小宇宙,急于想出一个合适的答案,急得眼泪唰唰往下落,耳窝里滚热。

“妈妈,我想拉臭臭。”旁边的茉莉翻身坐起来。

“好好好!”我双手胡乱搓了搓脸,抱起妹妹走向洗手间,小丫头的这通大便来得真及时。

“好讨厌啊,茉莉。”老虎一声怪罪从身后传来。

茉莉坐在马桶上,边唱边拉,磨蹭着不肯站起来。再回到卧室,老虎鼾声已起,谢天谢地,娘亲逃过一问。

谁先死掉？按古老的顺序来吧，我愿意死在高堂之后，儿孙之前，把老天赋予我的家庭使命行使得圆满些。

鬼马兄妹终于进入关机状态，我轻手轻脚回到客厅。

“老虎刚问我谁会先死，我们家四个。”我把这棘手的问题甩给小郎。

小郎皱着眉在赶周报，猛一抬头，“啊？谁会死？”

“懒得理你，忙吧。”我忽然想起洗衣机里还有一桶衣服没有晾，赶紧跑去卫生间。

不知怎么，我脑子里瞬间充斥着过往种种的死亡画面。

奶奶去世的时候，我只有五岁，有一天突然被带到灵堂之上，让我跪。小屁孩儿不懂死，看大人们都在哭，我担心自己哭不出来。

发小在新加坡，肝病发作，抢救无效突然离世。那时我读大二，一夜没睡。后来才知道她半年前染上毒瘾，和一帮没来路的朋友整日整夜混在一起。

外公去世的时候，我刚刚大学毕业，从外地飞回老家，外公已在冷冻柜里，嘴里含着铜钱。我跪，哭，然后飞回去继续上班。

我使劲抖动着手上的衬衫，用衣架撑起来，踮脚挂到晾衣杆上……

夜里十点一刻，里外收拾妥当，家总算有个家的样子了。我撕开一张面膜，开启自己短暂而珍贵的夜生活。

“我看这家保险公司的寿险不错，咱俩可以琢磨琢磨，各买一份。

重疾，寿险，这两样备齐，问题就不大了。”小郎抱着笔记本坐到我旁边来。

“哈哈，咱到时候可以放心去死了是吗？你写完周报了？怎么忽然看起保险了？”

“你能先直溜儿坐起来吗？”小郎严肃了。

“什么鬼？”我把眼睛上的两个小洞抠大些，满屏的保险条例，A 款 B 款，脑子瞬间就晕掉，“你拣重点说。”

“咱俩要是谁中途挂了，可以留一笔钱给这个家，至少可以应付到他们大学毕业，物质上有个保障，家不会垮掉。谁也说不好……”

气氛突然凝重起来，不好再开玩笑。我使劲眨眨眼，抱过笔记本，强迫自己进入高能模式，从第一条开始认真读起来。都怪清早剧透时顺嘴一句“挂了”，小的嘟哝一天，大的也跟着走心了。

“你看廖哥，好端端的，43 岁心梗，人突然一没，剩老婆孩子多难。就一套房子，贷款还没还完呢。先前他还准备送岩岩去美国读高中呢，听梅姐说也放弃了，唉。”

“嗯，嗯，是该有准备。”

“我明天先约个经纪人聊聊，按咱们现在的收益水平，应该可以选……”

“好好好！我也问问小春，她好像也买了这种……”

音乐本身是情感的艺术，在无形之中雕刻着孩子的身体。而音乐同样也该给孩子带来快乐，让他们感知和表达他们生命中最美好的一面。

爱乐，才快乐

记得好多年以前，有个拉小提琴的朋友信誓旦旦地跟我说："学音乐的孩子总不会变坏。"我听着觉得这说法新鲜可爱，便记在了心里，后来才晓得那大概是当年台湾某个卖乐器的商家打出的广告语。不管怎么说，音乐本身总归是情感的艺术吧，它抽象、神秘，却又能沁人心脾，在无形之中雕刻着孩子的身体。我只希望，老虎和茉莉在长大成人的过程中，始终能有音乐的一笔陪伴，借以感知和表达他们生命中最美好的一面。

大概四岁半的时候吧，老虎去看了一场马克西姆的演出，在场的观众一半以上是琴童。也许是被钢琴明星酷炫的舞台表现震撼到了，老虎回家之后抱着我的手机开始反复听那首《克罗地亚狂想曲》，不知循环了多少遍。不久，我悄悄问他要不要学钢琴，他痛快答应了。

于是，老虎每周三次的钢琴课正式启动了，时间都安排在幼儿园放学之后，他进到琴房和老师关起门来上课，我和茉莉便等在琴房外的大厅，想尽办法打发时间。我总要事先准备两小盒水果，一瓶酸奶，外加几本故事书，然后找个略僻静的角落，陪着小丫头吃喝玩乐。

这家机构并不大，有三个独立琴房供老师教学，两个半开放式的玻璃门大琴房让孩子们练琴，一小排座椅留给陪课的家长们。年头久了，墙上的欧风壁纸已斑驳褪色，桌椅板凳也吱嘎作响，老板只偶尔来店里露个面，做做清洁，和家长们聊聊天，也懒得修葺打理。三个年轻老师，如铁打的营盘，日复一日缩在琴房里教课，孩子们按照自己的时间表，你来我走，问好，上课，签字，再见，无缝连接。

我和茉莉最常遇到的，总是那三两个女孩，因为她们和老虎的上课时间相邻，前后脚进出，招呼打得多了，家长们也彼此熟络起来。

灵西与老虎差不多大，跟着同一个钢琴老师，每周三的那次课，老虎下课出来便轮到她进去。小姑娘总是早早就到，进门时，微扬着头，目不斜视，肘弯处吊着一个蜡染的布袋子，脚底轻盈，一路飘进玻璃琴房，坐稳了便开练，不劳大人一句催促。陪课的姥姥清瘦挺拔，逢人便笑，跟在灵西身后进来，左右寒暄。

第一次见灵西，心里不觉一惊，想象中《红楼梦》里的林黛玉，幼女时代就该是她这般的娇弱模样吧，清丽脱俗，眼波里闪着一丝愁。灵西的胎发没有剃过，一直留到五岁，脑后正中编一根麻花辫，细细的发梢直垂到腰间。她总是穿一身素色棉麻的宽衣阔裤，像旧时插画里的寻常女儿家，混在今日的孩子堆里，却仙得极扎眼。

小灵西四岁起开始学习京剧，据姥姥讲，祖师爷像是赏了她这碗饭，四功五法，辛苦得很，她却乐在其中，发烧了也不忍心旷课。来这里学钢琴只能算门“辅修”，京剧才是她的“主业”。某天，我和灵西聊天，好奇打听她学戏的诸多细节，她不知怎么来了精神，主动要唱一段给我听。姥姥嘱咐她要小点声，别吵到其他人，她连连点头。我赶紧挺了挺腰板，也拽过茉莉要她端坐好，只见灵西在我们跟前站定，两只小手错落在腰间，压低音量来了段念白。樱桃小口一开，好像瞬间把我带入另一个世界，天地委婉，日月有情。我是个戏曲盲，只隐约听出一句“天生丽质难自弃”，这小美人定睛与我四目相对，竟没一秒钟的闪躲，眼底流出的清贞之气，让人不禁恍了神思。

此时，老虎随着钢琴老师从琴房里出来了，胸前贴了两张喜洋洋的贴画，手上还攥着一张可以换礼物的积分卡，说是老师奖励他的。老虎是个嬉皮笑脸的学生，不管弹得如何，走出琴房时，永远一脸得意。“回家自己练的时候记得抬手指哦。”老师反复叮嘱。“嗯嗯，好的，好的。”他一路点头，好像真的记在心里了似的。其实这小泼猴儿在家练琴时，多数时间都在弹自己瞎编的曲子，自娱自乐得很，哪里会记得什么抬手指的事。

另一个女孩鸿妮儿，和这傻小子恰好相反，严肃认真，一丝不苟。每次下了课，人一出来，成败昭然。她的钢琴课有一节排在老虎之前，算是老虎的同门师姐。小丫头黑黑的，长胳膊长腿，脑后甩着一根马尾辫，7 岁出头，599 弹到过半。说来也巧，这家机构里的小琴童们，女孩占了九成，而这九成之中瘦麻秆一样的小丫头又占了大半，且个个留着马尾辫，看她们穿梭来去的背影，我常常搞错。

平日里，鸿妮儿都是奶奶陪着来上课的，课后定要在琴房练足四十分钟才肯走。奶奶一旁静坐，神色凝重，不怒自威，颇有离休老干部的架势。鸿妮儿每弹完一遍，必要瞅一眼奶奶，貌似得了老佛爷的首肯才敢进入下一曲。奶奶从不讲话，两个眼皮微微一合，便是发去了过关卡，若是扭过头去不肯看她，则是“重来一遍”的指令。

某天，我们踩着点进门，恰逢鸿妮儿刚下课，小丫头竟哭着鼻子出来了，“太难了……呜呜……我不想考级了……呜呜。”钢琴老师笑着跟在身后。那是一位本科毕业刚两年的年轻女生，爱笑，温柔，老虎喜欢得不得了。老师小声说:“没关系的，回家多练练，鸿妮儿很棒的！”泼皮惯了的老虎第一次见小师姐在眼前哭，也懵懵地搞不懂状况，一个劲儿瞄我。

我看着鸿妮儿，竹节般纤长的手指在黝黑的小脸蛋上抹着眼泪，心头咯噔一下，仿佛一下子就回到了自己的童年……记得有一次，我一个人在老师家上钢琴课，弹得乱七八糟，仿佛车祸现场，老师扭头叹了口气，又意味深长地嘿嘿一笑，轻声问我在家是不是一遍也不曾练过，我的眼泪唰地就下来了，只想抱起琴谱赶紧逃开……小小女孩的玻璃心，挨不得突如其来的一记软拳啊。

老佛爷见孙女哭了，慢慢起身走过来，伸手摸摸鸿妮儿的头，“没事，没事。”小女孩儿仍旧缓不过来，奶奶这温柔一抚，她哭得更凶了。旁边相识的家长都纷纷开口安慰：“哎哟，咱鸿妮儿学得最好了，瞧我们家这个，要是能学到小汤3，我都烧高香了。”“就是就是，鸿妮儿这孩子对自己要求高，甭急，慢慢来呗，你一直是这些弟弟妹妹们的榜样呢！”

其实大伙儿说的不假，鸿妮儿的确是这个小圈子里有天赋又刻苦的孩子，也许是进入了厌倦期吧，谁知道呢？每个孩子都要走这一遭，有人拐得回来，有人拐不回来。我自己就曾是失败的那一挂，做梦都能梦见手指受伤，深知那其中的痛苦滋味。

“没事，没事，走，奶奶给买根儿雪糕去。”老佛爷平日少言寡语，更难得展个笑颜，她拉过鸿妮儿黑瘦的小手，背起琴谱袋子，嘿嘿笑了笑，领着孙女慢悠悠地离开了。

鸿妮儿走了，老虎被老师叫进去上课，他一步三回头，一下看鸿妮儿，一下又看我，眼珠滴溜溜转着。我忍不住在心里苦笑，这小鬼也许得了启发，待会儿下了课，八成会为骗一根雪糕，也装出一副委屈又沮丧的模样来……

唉，都说音乐是上帝赐给人类生命最好的礼物，可礼物不是该给孩子们带来快乐的吗?

又是一个傍晚，我和茉莉坐在大厅等老虎下课。见有间玻璃琴房空着，茉莉便爬上琴凳，装模作样地也摆一本琴谱在上面，胡乱摁几个声响出来，忽而又把两只小胖手一齐砸下去，立时打了个激灵，吓自己一跳。后来干脆并起手指，从低音区一路划拉到底，好似完成了一曲演奏，皱起鼻梁傻笑。

“茉莉，等你四岁的时候，妈妈也陪你来学钢琴，好不好？”“嗯！”她愉快地答应，她只是想和哥哥一样吧，我猜。

忽然，听得隔壁琴房里有人在练习拉可夫的《波尔卡》，弹得欢快直率，颗粒清晰，我立即起身去看，原来是那个长相酷似桂纶镁的12岁女孩，哇，下指如此干脆利落，直截了当。这个女孩儿跟着一个男老师学琴，我们不常碰到，至今也不知道她的名字，但对她的印象却格外深刻。女孩梳中分，短发落肩，皮肤有些微黄，眼神里带一点小小的倔强和一丝超越年龄的成熟，看她弹琴，总有某种说不出的钢琴家气场。女孩瘦得很，常穿一件条纹T恤，肩胛骨的轮廓清晰可见，偶尔抿嘴一笑，不禁让人想起电影中那个百年琴房里神秘的路小雨。“Follow the notes upon the journey, at first sight marks one’s destiny……”有些小女孩，似乎天生带着某种文艺又性感的味道。看着她练琴的背影，忽然好想她早一点进入恋爱的年纪呢。

一曲尚未结束，钢琴老师叫她进房间上课去了。陪同的爸爸，一身笔挺，此刻正站在门外叽里哇啦地讲电话，眼睛却定定朝里面望着。见女儿进了教室，他似乎放了心，往外走了几步，嗓门也提高了些。这位爸爸貌似生意往来出了岔子，正在凶巴巴地责骂下属。挂掉电话仍旧一副要赶时间的样子，出入都紧锁着眉，坐立不安，两腿不时地抖。

谁知，半小时后闺女出来，他却忽然变了个人似的，耐心站到一旁，客客气气地和老师攀谈几句，问问女儿的表现。待女儿一笔一画在小格子里签好自己的名字，规规矩矩和老师道了再见，出了大门，他才又急急地催促起来：“快，闺女，爸爸还有事，快，先送你去奶奶家，快！”小女孩不说话，跟在爸爸后面一路小跑着消失了。

很快，老虎也随着老师走出了教室，这次是四十五分钟的课，也不知道他溜号了没有。

“今天怎么样？”我例行公事。

“还不错，新学了一个曲子，手腕还是不够放松，您多留意点，小家伙学习兴致还蛮高的。”老师笑盈盈的，一边说一边在签字簿里翻找老虎的那一页。

说话间，下一个女孩儿已抱着琴谱站在旁边等待了，咦？似乎是个新面孔！老虎又有小师妹了？只见她手里拿着崭新的小汤 1，父母两人都跟在身后，正商量着谁陪女儿进去上课。女儿拽起爸爸的衣袖，妈妈连忙说好好，自己会在外面等。

我和新来的妈妈点头笑笑，临走时，她弱弱地问我：“这位老师怎么样？孩子爱学吗？”“嗯，挺好的。”不等我多说两句，茉莉已随哥哥跑出门去，我只好匆忙说声再见便追出去了……

琴房的小女孩们，愿美妙的音乐为你们打开俗世之外的另一片天地哟。

PART 7

不负青春不负你

做了妈妈，身心渐渐软下来。你仿佛被开启了一个前所未有的上帝视角，那些从前无暇关注或不屑一顾的事和物哟，如今都在周围显影现身了。你发觉自己竟如此富有，你有好多好多的爱，迫不及待地要给出来……

赶路时，莫忘沿途风景

Hebe 和 Lin 是我初到美国时便结识的两个女生，她们同我的身份一样，是陪读太太。原本在北京的好工作说辞掉就辞掉，跟着老公漂洋过海勇闯天下。外人看来或许是经过百般纠结才做出的重大决定，其实不然，事到临头，女人常常叮咚干脆。因为大家的初衷都很简单，不想和自己的爱人分开。未来会怎样谁说得清呢，不如趁着相爱之时好好厮守吧。

登陆美国之初，老虎刚过百天，正是往怀里赖的时候，一天换10片尿布，夜醒频繁。我根本没有时差可倒，因为作息原本也是混乱，一觉醒来常犯嘀咕，睡着了吗？好像没有。

那时，Hebe 和 Lin 她们各自的千金都还没有降生，两个大美妞还是快活自在的小娇娘，一个辣，一个甜。每周，她们都会抽一两天时间来我家玩，说是聚会吃喝，做做见习妈妈，其实是人家好心，肯帮我分担一下带娃儿的辛苦。老虎乖时，我们便围坐在地毯上聊天，读书恋爱工作旅行，星座护肤美食明星，和她们在一起，我仿佛又回到从前那些没娃傍身的曼妙时光。陌生的环境把我们聚拢到一起，结成一个半封闭的小圈圈，情同姐妹的友谊进程也实在是某种必然。

有一次，我患了重感冒，接连发烧，歪在沙发上起不来，临时打电话给她们，半个钟头的工夫，两个人都到了。Hebe 的头发还没来得及吹干，湿答答披在背上，Lin 着急出门，脚上套着老公的棉袜就来了。一进门俩人就张罗着给老虎喂饭，一人举着碗勺，一人在旁边逗笑，就盼着他早点开口，吃下这半碗米糊，别饿了肚子。“老虎，啊……”“吃一口嘛，啊……”她们俩的嘴巴张得比老虎的还大。老虎坐在餐椅上，手里摇着小鹿响铃，像是故意要为难两个阿姨，半天才肯开一下尊口。“快！喂喂喂！”Hebe 一招呼，Lin 赶紧趁着那瞬间把舀了米粉的小软勺塞进老虎嘴巴。

饭后，Hebe 抱着老虎坐到窗前，“宝贝，看看风景好伐啦？”老虎蛮乖，坐在 Hebe 腿上，真的就呆呆看起风景来。窗外，秋风起，木叶飞，落地窗的四角轮廓笔直如画框，两人逆光的剪影偏安一侧，Hebe 垂顺及腰的长发，老虎扔出来的胖脚丫，我眯起眼睛远远望着，好似一幅油画。耳畔是 Lin 开着水龙头收拾碗筷的声音，我满心感激，只苦于高烧头痛，实在懒得人不想说话。

“看看风景好伐啦？”不知怎么，这句话，后来我常常想起，带着Hebe的浙江口音，在某些截然不同的时空场景里。

我回到卧室睡觉，放心地把老虎交给她们两个，隐约听到他们三人时断时续的对话。“看这小脸干的，阿姨给擦点润肤霜吧。”“哎哟，尿这么一大包了，换一个，换一个！”“不哭哦，抱抱，阿姨抱抱。”客厅频频传来各种声响，Hebe和Lin不忍来敲我卧室的房门，互相商量着对策。想也想得出她们是有多为难，自己还没做妈妈呢，却硬被塞过去一个半岁大的奶娃。我躺在床上，时梦时醒，梦里在巷道间闪躲，似遭黑帮追杀，醒时便成了一个缺席的旁听者，盼着老虎不要把两个阿姨折磨得太惨。

昏天黑地睡了三四个钟头，彻底醒来时，烧已经基本退了。客厅安静得出奇，我压着太阳穴，一步一晃地走出卧房，只见Lin正怀抱着老虎在客厅里来回溜达，Hebe靠在沙发上睡着了。Lin冲我点点头，哑着声音告诉我“老虎睡了”，我转到她身后去看，老虎果然半张着嘴巴，脑袋搭在她肩头，眼皮闭得严严实实，口水已流到Lin的肩头。我接过来，拍了拍，待他重又睡稳，轻轻把他放回自己的小床。想必两人定是轮班抱了他好久，老虎还在奶睡的月龄，破天荒地离了妈妈，若不是有人一直抱着，他早就烦躁地哇哇哭了。

远在异国他乡，人妻身份凸显，生活里的细碎让我们总有操不完的心。某天清早，我们仨兴致勃勃地出门，带着老虎驱车去逛

State Fair（展览会）。车开到一半，我忽然想起临走时忘了告诉小郎，他中午的便当我已打包好放在冰箱最底层，于是打去电话提醒他记得带到学校去吃。Hebe 和 Lin 一旁听了，不知怎么，也忽然不放心起来，旋即掏出电话，打给各自老公，详细叮嘱一番，饭盒已备好在哪里，餐后水果又放在了哪里，挂掉电话，我们不禁撇嘴对视，笑作一团，"世事难料啊，我们也有今天。"

State Fair 归来，早就约好当天晚上一起在我家吃晚饭。傍晚时分，饭菜已摆上餐桌，油焖大虾，麻辣鸡丝，豆角炖排骨，蒜蓉茼蒿，没工夫翻出更多花样了，每盘菜都盛得满满当当。小郎他们还没有放学回来，老虎已等不及开饭，独自坐到他的奶牛沙发里啃起玉米棒。我们只好等，一有车子的响声，三个人都忍不住站起身，跑去阳台看，盼着是他们。发现不是，又回到客厅等。闻得声响，再起身，不时踮脚瞄一眼窗外，闲聊也只是勉强。

那个傍晚，忽然让我想起小时候住在外婆家，外婆每天做好晚饭便系着围裙站在窗台那里，等着外公下班回家。若迟迟不归，便开始天灾人祸地念叨起来，直到外公进门，又赶紧摆上碗筷，嘴里絮叨着他不该耽搁……那样的朴素日常，小时候不懂，长大了又不屑，干吗要较劲等着？一点都不酷！继续长，直长到嫁作人妇，终知所以。外公已去世十多年了，外婆依旧硬朗，头发一丝不乱，家里洁净如初。

若不是身份和地域的突然转换，我们三个女生也绝没有机会把人妻的生活模式调回到外婆一样的"传统"频道。说起来，三人当年都是同样的套路，度完蜜月，火速回公司报到，散了喜糖即刻回到加班出差还房贷的老节奏。白天早就累成狗，晚上谁还拨得出“为君洗手作羹汤”的心思？清早若能为他摊个鸡蛋热杯牛奶，再熨一件笔挺的衬衫出来便已是爱意浓浓的极限了。

时光荏苒，两年后，我们三个婆娘都跟随老公回到国内。缘分妙不可言，我们各自的小女儿也陆续到来，相差不过三两月，人世间多出了小舒、茉莉和湉湉。百日之后，公主们终于得以齐聚一床，咬着奶嘴，裹着尿布，翻滚成各种形状，彼此间眼神撞上，就算打过招呼认识了。而彼时的老虎已然是三岁的哥哥了，看着妹妹们像三个小肉球般左右扭动，独自在一旁偷偷笑着。他全然不记得，当年自己初次被 Lin 她们抱在怀里时，也如今日妹妹这般大小和笨拙。老虎日日夜夜都在生长，向上，只顾着向上。

午后，三个小闺女并排睡在大床上，我们三个胖妈妈窝进沙发里，互相拍拍肚腩，捏两把大腿。

“这猪脚汤喝的，奶水是够了，我也跟着胖起来了。欸，你的妊娠纹掉干净了没？”

“淡些了淡些了。”

“我说，你们发现自己掉头发没？昨晚洗完澡，我发现掉一地哦，本来就少，真心疼死了。”

“会重新长的，再过些日子，你就会发现额头发际线那儿冒出一茬新头发来，根根立着，特滑稽。”

“哎哟……”

难得见面凑在一起，要说的话有那么多，来不及起承转合，突突突，好像三挺机枪扫射。“你会回从前的公司吗？”“你要一起创业吗？”“你打算请保姆吗？”“你要买学区房吗？”“你要给孩子买重疾保险吗？”女人们自动变得高效起来，都急着把心中的想法和疑虑和盘托出，等着听大家的建议和回应。现实的问题一个接着一个，好像件件迫在眉睫。

“看看风景好伐啦？”真的没空啊。

老公午餐吃得好不好？哼，管他呢，反正也饿不死。

我们不由忆起当初的那段“村中岁月”，想起的却尽是些无聊小事，山姆超市里，店员扫码失误，到家发现白送了我们一整箱汽水，我们像是占了天大的便宜，跺脚欢呼；在 AF 店，非要挤到同一个试衣间里换装，我抱着老虎一边喂奶，一边看她们脱光光互开玩笑，结果在试衣间里疯闹了太久，终被店员给客气地请出来；毕业派对前，师弟师妹们偷偷把我们几个太太聚到一起，要录制一段 VCR，说说这两年来陪读的感受，筹备时有说有笑，怎知机器一开，“导演”开始发问，我们瞬间集体泪奔，半天开不了头……生活是自己的，谁都付了真心。

回国这几年，虽然同在一个城市，可大家相聚的机会却少之又少了，一约再约，半年也就碰上一面，原因也不只“忙”那么简单。狭路相逢，共走一程已是陪伴，再往前，自然各有各的远方。曾经宁静恬淡的小镇记忆，很快被帝都浓墨重彩的澎湃生活所掩盖，田园变沙场，牧歌变战歌，我们又回到各自从前的朋友圈，吃从前的馆子，走从前的街道，Lin 跳到新公司继续做 HR 经理，Hebe 创业开了自己的工作室，老板总是老板。

回国后的某个夏天，Hebe 和朋友去四川甘孜旅行，偶然认识了当地山里的几个小女孩，小女孩们个个家里姊妹一堆，穷得勉强能吃上口饭。小女孩们想读书，Hebe 便拍了照片发回来，问我和 Lin 要不要一起做个捐助，一帮一，每月定期汇 200 元，至少坚持到她们初中毕业。我们回复说“好”，Hebe 便帮着给三个女孩的家庭分别开了邮储账户。第二年夏天，Hebe 又跑去那边，从成都下飞机，搭了 16 个小时的汽车才又见到三个孩子。从她们家里发来照片，一年不见，三个女孩长高了不少呢，脸上都挂着高原红，笑容里带着一点点拘谨。

Hebe 回来和我们商量，再过几年，待女儿们大一些，能适应高原反应的时候，一定要领着她们去趟四川，会一会那里的三位小姐姐。夕阳西下，一起坐在山坡上看看风景，想想就觉得美好啊。

每个女孩都在努力，微光之中独自闪耀，无论身在怎样的境遇，小舒、茉莉、湉湉也如此。小女孩们的远大前程都在各自的脚下一步一步展开，我们三个妈妈的成长也与她们一样，未完待续，永不止息啊。

他成人，离家，羽翼渐丰，他逐渐开始参照社会体系里被默认的评价标准去体察周遭，他突然警觉自己竟可以换个视角回过头来重新打量你，如同审视生活里遇到的一个普通女人。

“好”妈妈的代价

去年圣诞，一次短暂的聚会上，久未见面的女友送了一套书给我，《苏珊·桑塔格[1]日记与笔记》，两册，足有千页。女友在深圳某大学教书，来京开研讨会，顺路与我一见。毕业这么久，女友性情沉静耿直一如当初，只是从前那瀑布般的齐腰长发被剪断了，坐在对面，我呆呆盯着她的蘑菇头，心下转换挪移了好半天。她曾是我读研时的同学，同级不同系，是哲学所的高才生，因为来我们班旁听了一

[1] 苏珊·桑塔格，美国作家、艺术评论家。她的写作领域广泛，在文学界以敏锐的洞察力和广博的知识著称。除了小说，她还创作了大量的评论性作品，涉及对时代以及文化的批评，包括摄影、艺术、文学等，被誉为“美国的良心”。她的主要著作有《反对阐释》《激进意志的风格》等。

个学期的文学课，经常向我借复印材料，才渐渐有了对话。

有一次讲到法国的新小说派，老师给了一个书单，其中有一本苏珊·桑塔格的《反对阐释》。我去图书馆借，偏这一本已被借光。中午在食堂偶遇她，聊及此事，她说她自己有，当晚便穿着小花睡衣送到我寝室来。我心里感激，翻开书却怎么也潜不下心来读，25岁的女生，时时陷在韶华锦绣的爱情迷想里，一会儿掏出手机给男友发条短信，一会儿又打开电脑翻翻相片，给 QQ 换一条诡异的签名档，在空间上更一篇不知所云的博客，再一会儿，干脆打开衣柜搭配起新买的裙子来，在寝室里走上几个来回，时间总算浪费得差不多了……闷闷坐回到书桌前，强迫自己低下头。天哪，桑塔格这个女斗士究竟在反对什么，我怎么一个字也看不懂，印象中粗粗读了几页，还在云里雾里便权当自己已经看过了。

后来，女友去德国做交换生，人踌躇满志地走了，书却一直留在我这里，跟着我几经搬家。虽然没再看过一眼，倒也一直规矩地摆放在书架上，和一排文艺评论的理论书挤在一起，早已蒙了灰。

“咳，下单时，不小心把数量搞错了，书买得多也没察觉，到手才发现，呵呵，本来想退，忽然想到这周来北京能见到你，就送你啦。”女友笑着直言，“瞧，你和这女人有缘分哦。”她眯起眼睛打趣我。缘分？我忽然觉得胸口一阵肿胀，因刚刚生完茉莉不久，饭吃到中途，便不得不跑到卫生间里去泵奶。因为严重缺觉，回到座位时已明显觉得跟不上女友那敏捷的逻辑思路，咳，我还真是辜负了这缘分呢。

我说多年前的那本书都还没还你呢，她说就留给我作纪念好了。又聊及些私事，她说现在的男友是位离异高管，已经有个十岁的女儿了，女儿和前妻在国外生活。结婚的事已在考虑中，她也做好了当后妈的准备，但自己不想再生了，她还有很多事情要做，不想分掉太多的精力，我点头表示理解。我们两人都有事在身，饭也吃得匆忙，抱抱说再见，再见不知哪一天。

一晃大半年过去，前几日得空收拾书房，忽然又见到这套日记，塑封膜都还没有拆，横着插在一摞新书里。奇怪，封面桑塔格的头上怎么粘着一个卡通朵拉的贴画？准是老虎干的！我撕掉那个爱冒险的小女孩，桑塔格凛冽的眼神炯炯如炬地瞪向我。

1947—1963，1964—1980，是她花季到中年的日记哦，应该一路都是成长吧？偷窥欲起，我放下手上的抹布，一屁股坐进转椅，扯开塑料膜，准备一睹这个传奇女人的隐秘经历。

“我相信，(a)没有人格神，也没有来生；(b)世上最令人向往的是忠实于自己的自由，即诚实；(c)人与人之间唯一的区别在于智力……国家照顾孕妇，不区别对待婚生＋非婚子女。”哇哦！这是桑塔格豆蔻梢头时写下的日记？这么硬，这么冷！

叛逆期当然充满了愤怒和困惑，身体快速发育带来了精神上的紧张与不适，少女们急迫地渴望洞悉人生，可我们中的大多数还是会把抒情对象锁定在小情小爱之上吧。桑塔格在如此抽象而广阔的层面上思考问题，且口气斩钉截铁，小小斗士的锋芒当真锐不可当呢。

很快，读到她 1951 年 1 月 3 日的日记，通篇只一句：“带着对自我毁灭意愿充分的意识+恐惧，我嫁给菲利普。”掐指一算，当时她还不满 18 岁！此外，再无一点有关新婚生活的描述了。五六页纸之后，日记里忽然冒出了一个新名字——戴维，是她的儿子。桑塔格 19 岁就做了母亲？！她当时还只是加州大学伯克利分校的一名大学生吧？

儿子四岁时向母亲发问：“如果上帝从未创造世界，那会怎样？”

母亲回答：“那我们就不会存在。那就太糟了，是不是？”

……

“他（上帝）是什么？一朵云吗？”

“他什么东西都不是。他是整个世界，存在的地方，任何地方背后的一个法则。”

“任何地方？包括这个房间？”

“嗯，为什么不包括？当然包括。”

读到此处，惊叹之余不禁笑出声来。想我和老虎之间每日叽叽咕咕，谈话内容极少超出实体的维度，确切地说，一半的对话都在围绕吃喝展开，碎片化的重复，随性的跳脱。他说：“妈妈，我还想吃葡萄。”我回答：“不可以，肚子会痛。”拉锯一般你来我往，直说到一方厌了为止，而桑塔格母子，他们竟已聊到上帝那里了。

五岁的戴维在临睡前对妈妈宣布：“你知道我眼睛闭上时看见了什么？不管什么时候，只要一闭上眼睛，我就看见钉在十字架上的耶稣。”桑塔格心想，该给他来点荷马了，只有不带个人色彩的大规模血洗才能让他柔软的灵魂摆脱掉个人化的宗教迷信……于是，荷马来了。好酷的桑塔格！

我以为随后几年的日记里，会大量出现母子间机敏而稚趣的对话，如同第一次做妈妈的我们，母爱喷涌而出，难以克制地想要表达。然而，戴维的到来似乎并未给桑塔格的生活带来灿烂千阳，她从未给戴维喂过一次奶，因为她说自己根本就不想。她仍如叛逆期的少女一般，激烈、愤懑，每一天都如同在作战，与自我对抗，与世界对抗，企图在对抗中重塑自己。她的日记中继续冒出各类清单，那是她刚刚读过的书籍和看过的电影，里面夹杂着她对作品的新鲜感受和从中受到的启发，她不停地与人会面，她需要和他人在一起，她在婚姻的困境里挣扎，她直面自己同性恋的取向，她回忆童年时代的痛苦画面，她为自己对性的强烈欲望得不到满足而愈加恼怒。终于，在儿子五岁的时候，桑塔格抛夫别子，离开美国，独闯牛津。一年后，她和丈夫离婚，接走戴维，开始了单身母亲的生活。

1962 年的日记中，29 岁的桑塔格写下这样的句子："我服过三次刑：我的童年，我的婚姻，我孩子的童年。我必须改变我的生活，这样，我就能过我的生活。也许，我该放弃戴维。"于是，她把戴维交给了保姆，自己依旧日夜穿梭在博物馆、剧场、电影院、咖啡馆、酒吧之间，凌晨才肯返家。她不停纠结于自己床第功夫的糟糕，一次次痛心于女友恋人的疏离，为自己的同性恋身份紧张而焦虑，她疯狂地读书和写作，精力充沛，她自我搏斗，自我压榨，她经常会想不起来儿子的存在，她忍受着偏头痛的侵袭，她的性格愈加复杂多面，她的命运愈加跌宕起伏，与此同时，她对艺术作品的见地也愈加大胆尖锐，也恰是这一时期，她发表了著名的文集《反对阐释》，一石激起千重浪……

你会以为这样的妈妈很自私很失职吗？她会因为陪伴儿子的时间少得可怜而丧失掉儿子对她的依恋和爱慕吗？绝不会！戴维四岁的时候就向母亲表下决心：“老爹死后，我要娶你。”流年暗转，誓言早已化作玩笑，然而，成年之后的戴维的确深深地以自己的母亲为傲，他清楚地知道，母亲拥有的是普通女人所无法企及的才智和影响力，而这一切经由血液传承与他，这又是何等的幸运。至于儿时被母亲忽视的种种细节，大概他早就谅解了吧。瞧，上帝就是如此的不公平。

我们呢？我们这些普通的母亲，我们下了班急急地赶回家为自己的宝贝做饭洗衣，我们记录下他每个月的增重，我们熟悉他的一切饮食偏好，我们珍惜他嘴里吐出的所有零散字句，我们手举相机360度不予节制地摁下快门，不肯错过他脸上的每一个表情。你敢说照片张张雷同？No，no，no，我们看得出那其中所有的细微差异。这就是大多数的我们，甘愿自己的生命进度被他的呱呱坠地咣当斩断，从此，过往的生活恍如前世，有他的日子才是烟火缭绕的今生，我们……哦，我们的“光荣和伟大”还真是说都说不完呢。

也许，我只想说也许……他成人，离家，羽翼渐丰，他逐渐开始参照社会体系里被默认的评价标准去体察周遭，他突然警觉自己竟可以换个视角回过头来重新打量你，如同审视生活里遇到的一个普通女人，你的容貌、名望、地位、学识、财力、爱情……你不会知道，他捋清“真相”后内心生发出的感慨究竟是怎样，若是你认真活过的万千昼夜只化作他鼻喉间的一声“哼哼”，想想还真是有些心酸呢。

此后，在电话的这一头，也许你等来的只是他草草的应答与敷衍，“嗯嗯，知道……知道了……哎哟，知道啦……”他什么都知道了。在你这里，他得不到职场晋升急需的真知灼见，你那寡淡清白的恋爱经验也勾不起他丝毫的兴趣。而当他难得主动地聊起生活圈里的某件新鲜事时，你费力地听着，却听得一团糨糊，于是，谈话逐渐干瘪，说者已不耐烦，听者亦觉勉强。挂掉电话前，你终又绕回了最为得心应手的那句唠叨“早点休息，记得吃早饭”。

你把20年来的大部分心力都耗在对他的陪伴与照顾上，你，作为一个独立的精神个体，早已停止了生长，你的骄傲和你身上的骨头一样，早已软了下去。他敬你是母亲，是长辈，是老人，仅此而已，也许那敬意里还有一丝不想说破的怜悯。你不可再奢求他望向你的眼神里可以重现昔日的依恋与崇拜，因那目光永远定格在了他遥远泛黄的记忆深处，那些温暖动人的画面，帧帧有你哟。“不管怎么说，我是他妈妈，他是我的小孩啊。”你在心里安慰过自己，继续做起手头的家务。但愿，这一切只是想象中的“也许”。

连续熬了三个晚上看完全书，桑塔格生活里的诸多细节不断涌进脑海，我突然觉得有所愧歉，好像侵犯了一个女人的隐私，她一丝不挂地袒露在那里，毫无招架之力，虽然这侵犯看上去是如此合情合理。决定出版此书并亲手遴选内容的，恰是她的独子戴维，“其中没有一行字是她允许出版的。”他当然清楚。

我给深圳的女友发去消息，再次表示感谢。她回复说：“桑塔格这样的女人才是我心目中真正的女性主义者，她并非把矛头直指男人，而是向着自己宣战，勇敢搏斗，穷尽自己的才华和生命，以阳刚之气为自己争一席荣耀！”午夜里收到如此昂扬的信息，我在黑暗中不禁打了一个寒战。“你咋还不睡？小心脸上冒痘。”我又发去一条。“赶论文呢，这学期必须发表！高校也不好混，非升即走，老娘决定拼了！”

我想象手机那头的女友此刻正在挑灯夜读，奋勇精进，忍不住发去一个［咖啡］的表情。呵，做母亲的我习惯了对每一个人都贴心，简直如肌肉反射一般自然。

关灯前，一眼瞥见床头柜上的保证书，那是晚间一场闲聊之后，老虎要小郎代笔写下的，“老虎保证长大以后一直和妈妈生活在一起，永远不分开。妈妈是这个世界上我最爱的人。”落款处是他自己煞有介事的签名，跳跶跶的，好像一幅简笔画。原来他们父子俩聊天聊到上大学一事，小郎告诉他，他将来注定要离开家独立生活，然后工作啊结婚啊养小孩之类，老虎忽然打断他说：“我不想和妈妈分开，一天也不要。”说着眼圈就红了，小郎便逗他，要他写个保证书，将来不许反悔……我折起保证书，夹进自己的日记本，关掉台灯，美美地闭上了眼睛。

如果你对自己在某个青春时段的人设是做一个潇洒独立轻松快活的女生，那请务必在这个时段里远离做妈妈这件事，因为这件事不可逆，一旦有了妈妈的身份，你将不可避免地负重前行，直至生命的尽头。

物来则应，过去不留

每晚大约从七点半开始，我就在心里开始盼着和宝贝们说“晚安”了，玩乐慢慢向睡觉过渡，吃干净盘子里的水果，然后收拾玩具，整理书包，洗澡，换睡衣，在我们的大床上疯跳一阵子。

“睡前小故事来咯！每人去挑一本！”我吆喝着走进卧房，心里祈祷着他们能早一秒睡倒在床。“睡前小故事”是老虎和茉莉最爱的一个时段，听到我的召唤，他们马上光着脚丫跑向书架，各自挑一本中意的。小孩子也恋旧，常常是犹豫许久又抽出昨天刚讲过，甚至之前也已经讲过无数遍的那一本。

“嘿！有点儿新意好不好！今天咱们讲这本新书吧。”连讲了三天《我想吃一个小孩》[1]，我真的有点儿厌倦了，这一晚，妈妈自作主张在刚送到的那一摞新绘本里随手抽了个薄的，“《玛德琳》[2]，好！就这本！上床！”

爬到床上，坐在他们中间，三人盖好被子，“哟！巴黎！”看着封面正中的铁塔，我不禁眉头一挑。“巴黎是什么？地球上的吗？”老虎最近深度迷恋宇宙太空，遇到新事物新名词必先确认它是否跟地球有关。“嗯，地球上的，是一座城市的名字。”我缩起头发，伸手把绘本翻开来。

果然是讲发生在巴黎的一个小故事，整本书里用来做背景的都是巴黎著名的标志性建筑，铁塔、歌剧院、荣军院、巴黎圣母院、卢森堡公园、圣心大教堂、卢浮宫。故事从一家修道院开始，那里住着十二个小女孩，每天一起生活，其中最勇敢也最调皮的那个叫玛德琳。有一天深夜，她得了盲肠炎被医生送进医院做手术。过了几天，小女孩们在老师的带领下集体去医院探望她，一人拿着一枝小雏菊轻手轻脚地走进病房，却意外发现玛德琳的病房里竟然堆满了慰问礼物！修道院的小女孩们哪里见过这些，瞬时被震撼到。在病房里玩得意犹未尽，回到修道院自然闷闷不乐，刷牙吃饭都没了心思。当夜，小女孩们集体大哭，“呜呜呜……我们也要割盲肠！”

---

〔1〕绘本《我想吃一个小孩》，（法）西尔维娜·多尼奥著，（法）多萝蒂·德·蒙弗里绘。

〔2〕绘本《玛德琳》，（美）路德维格·贝梅尔曼斯文/图。

吓得老师以为发生了什么大灾难。

“好玩吗？”我合上书本左右看看他们。茉莉在公园蹦跶一下午，这会儿小脑袋瓜枕在我的臂弯里，已是勉强抬着眼皮了。老虎似乎若有所思，“妈妈割盲肠疼吗？”

“喏，你看。”我掀起衣服，露出自己十几年前手术时留下的刀疤，“妈妈就割过，麻药过后还是蛮疼的呢。”

“哦，这样啊，那算了。”

“那算了？不然嘞？你想怎样？”

他摇摇头，似乎默默掐灭了心中燃起的某个小火苗。你个臭小子，为了要礼物还真敢拼啊，我心里不禁对这个小男人的心思起了敬意。

“睡啦睡啦，关灯！”我仍旧按着平日里的套路走，安安静静地装睡，直到听到他们呼吸均匀沉稳，鼾声微起，我再轻手轻脚地爬起来。“妈妈，要不然我们圣诞节去巴黎吧，是不是离青岛挺近，让爸爸先订个酒店吧。”老虎背过身，眼睛已闭上，嘴里却还在嘟囔着。我们上周刚从青岛回来，那是他新近学到的地名。我没有搭话，装作已经睡着，若是勾起他的兴致来，他还会计划更多，暂且，就让他觉得，青岛旁边有个巴黎吧……

估莫着两个小鬼已沉沉睡去，我强抵着早已经袭上来的困意，一下一下直起身子。每天能真正归自己支配的时间，不过是他们睡下后的这三两个小时，我怎么忍心放弃？就算不读书，敷个面膜来一集美剧也是好的呀。

点开手机，静音半个钟头，竟然来了这么多条信息！原来是高中时的姐妹群，大昕子刚刚从悉尼归来，正在群里狂晒她的潜水新照。“哇哦，好像一条美人鱼哦。”“海龟！这么大只！你有没有摸到？”“茉莉妈呢？怎么还不冒泡？你要的奶粉都买齐了哈，明天快递给你。”亏你记得我的事，臭丫头！我上下滑着屏幕，一一听完大家的留言，不觉间心也随着去了澳洲。三年来，大昕子工作之余钟情于潜水，已经潜了近二十个国家，拿到了 PADI AOW 的证书，还专门开了个公号，分享她的潜水心得和海底体验。更要命的是，大昕子的男友也一路更新，鼓手、机长、高管、记者、硬汉、大叔，海纳百川。“纵情人生啊！”我在心里忍不住羡慕她，不知她何时能真的跟到一个花臂黑帮小老大，一圆她自己高中时代书桌之下的江湖梦。

手机塞进口袋里，我给兄妹俩好好掖了掖被子，把他们换下的脏衣服窝成一团抱在怀里，拿上《玛德琳》，轻轻走向门口，关上门，“呼”，忍不住舒一口气，宁静的夜晚，我来了。

脏衣服塞进洗衣机，我捧着绘本进了书房，窝进角落的单人沙发里，封面的铁塔还是让人忍不住再翻开看看。

呵呵，卢浮宫！那时每个周一和周二晚上，我都会到卢浮宫地下的阶梯教室去听课，199 欧两门艺术史晚课，拿着听课卡还可以免费参观一年的卢浮宫和奥赛美术馆。来授课的都是卢浮宫学院的知名教授，听课的学生中有一半是打扮体面的中产妇人，还有各个院校的在读生，热爱艺术的职场小白领，外加白发苍苍若干，波西米亚零星。课程后期，我已有孕在身，前一秒还陶醉在伦勃朗的光影里，下一秒便伏在桌上睡着了，待到下课时分，周围桌椅响动，话语声渐起，我猛地醒过来，懊恼万分。那一年，差不多有四分之一的日间时光是在卢浮宫里度过的，一个三明治，一瓶矿泉水，球鞋双肩背，还真是自在呢。

巴黎圣母院，嗯，下课了若是天气好，常常会沿着圣雅克大道一路下坡，从索邦大学走到河边，右转前行一小段，过桥便是。从教堂里出来，就在它对面的小广场里坐坐，晒晒太阳，看游客们在眼前过往，偶尔帮人拍拍照片。少女时代，书里读来的卡西莫多是那么震撼人心，成年后脑中关于他的具象却只剩下钟楼怪人的符号，对雨果的喜爱也随着年纪增长趣味转移而悄然减退，倒是矗立在眼前的巴黎圣母院，实体的细节让人百看不厌，种种关节微妙处，虽不懂，仍着迷。然后，掐着时间，趁天色尚早，赶紧乘地铁回家，回到巴黎北部那个混乱的街区，猫进自己 14 平方米的小屋里，煮面，写作业，洗衣服。

还有这里，圣心大教堂！蒙马特高地一带，真是石头缝里都塞满故事的地方。当时小郎飞到巴黎来看我，我们决定晚上爬到这里看巴黎夜景。在附近吃过晚饭闲逛时，偶见一家小小的门面，光影诡异，仔细一看，竟然是一座情色博物馆！我们顿时眼前一亮，买票进去，一路从地下室逛到顶层，满仓满谷的性器官，木雕、图片、视频、器物。起初觉得新奇刺激，一边观摩拍照一边偷笑私语，看到后来，只觉得整个人被无数阳具包围，古今中外，千奇百怪，它们直挺挺地立在各处，竟看得人无聊丧气了，呼！以至于第二天醒来，只想吃点水果和蔬菜，一口荤腥也不想碰了。

手机突然响了，这么晚会是谁？我合上绘本，原来是好友小辰，“喂，商量个事儿呗，我要去阿根廷旅行，十天吧，你去不去？”又是那居高临下的口吻，二十几年的交情了，每次她打来电话，我都有种圣旨降临非福即祸的紧张感。

布宜诺斯艾利斯啊，我仿佛觉得黎耀辉在向我招手，心塞得很，“呵，最近真的不行，小郎加班没日没夜的……不忍心啊……家里还不得乱翻了天。”

“唉，又是这套话。就知道，这电话打也是白打。”

“真的出不来啊，你生俩试试，彻底套牢。”

“得了得了，你整个一古代妇女。我说你能不能有点儿现代女性的样子，怎么生活越过越被动，全职妈妈也得有带薪年假啊，每次约你出来放松一下都这么费劲。朋友圈里动不动发个破图‘说走就走’的，敢情是过嘴瘾啊，我还当你真 OK 呢，懒得理你都。”

“缺啥发啥，你也得容我有个念想啊。”

“你跟家坐着盼吧，我周一就办签证去，到了那儿，一下飞机帅哥们扑面而来，我天天刷屏……”小辰是个直肠子，电话里嗓门扯得老大，我把手机离得远些，耐心听着她的批评，兀自点头如捣蒜。

“要不咱姐儿俩去趟三亚？住两晚呗。”我弱弱地发问，心下盘算着可以用小郎出差攒下的各种积分兑换机票和酒店，倒是能省下不少开销。

“啥？额滴个神啊，姐姐我拼命三娘忙了一年啊……就阿根廷，我出酒店，你负责拍照，怎么样？”

“您就是把机票都包了，我也出不来！”

“洗洗睡吧，挂了。”

我扫了大美女的兴致，愧意难当。挂掉电话，还在努力消化着小辰的教诲。小辰离婚三年了，因为和前夫还没有小孩，离得干脆没挂碍。扛过半年的阴霾期，振作精神忙事业，两年前辞掉工作，兴冲冲地投进创业大军，开了一家女装网店，经营得有模有样，攒了一大票粉丝。老天眷顾强者，很快就让她认识了新男友大川，如今事业爱情双丰收，新一轮福利又来了，红彤彤的。“看来这是赚到银子，准备犒劳一下自己了，唉，已经发生的，就是唯一会发生的。”我在心里阴阳怪气地安慰自己，重新翻开《玛德琳》，却再也看不下去了。

自由的姑娘们啊，你们左一脚澳洲，右一脚南美的，当真踢得我胃疼啊。不过仔细想想，也实在是正常不过，如果你对自己在某个青春时段的人设是做一个潇洒独立轻松快活的女生，那务必要在这个时段里远离做妈妈这件事呀。因为这件事不可逆，一旦有了妈妈的身份，你将不可避免地负重前行，直至生命的尽头；可如果你已然跨过那扇大门，有了自己的宝贝，那就拥抱现实做好即将加速成长的准备吧，命运定会为你安排一段高浓度的剧情，让你在一次次的反转中身心颠簸，前一秒甜如蜜，后一秒火中烧，再一个转身，心头突然没来由地轰然决堤，忧伤顷刻间漫天漫地……这是另一番人生风景，不是吗？昨日你还娇不胜衣，情如小鸟，今日已无所于恐，无所于避。然而，就在你的内心愈发强大，勇气冲破天际之时，你蓦然发现，从前在自己心底里住着的那个小女生早已渐行渐远了。

放过那个小女生，与她挥手作别吧，该逝去的，就让它静静逝去……

“咳咳”，卧室里隐约传来茉莉的咳嗽声，她支气管炎还没好利索，夜里还是会咳几声，阿弥陀佛，但愿不要咳得翻身坐起来。我回到卧室，在茉莉的枕头下又塞了一个靠枕，再一看，加湿器里的水不多了，下半夜怕是不够用，于是又轻手轻脚地抱着加湿器去厨房重新灌满水，在她床头放稳，旋开。

再回到书房，脑子里还是茉莉的咳嗽声，我坐进转椅里，搓搓脑门，使劲瞪一瞪双眼，强迫自己打起精神来。夜色阑珊，我忽然想起在巴黎时，超市里有一种叫作 endive 的蔬菜，中文大概翻作菊苣，微苦中有清甜，那时我一年四季都喜欢吃它。我会按照自己的方式，把它切成段放在一个大玻璃碗里凉拌，调成酸辣口味，一次吃掉两小棵。现在想来，仍觉得好美味呢……

我合上《玛德琳》，把它插回书架的空隙处，和自己曾经拥有过的那段美好时光 say goodbye。唉，古灵精怪的玛德琳，康复之后还是要回到清冷的修道院，和其余的十一个小女孩继续之前苦中作乐的生活，走过漫长而压抑的少女时代。然后呢，她长大之后会是什么样子？生活会变得沉闷又寡淡吗？善良勇敢的玛德琳，祝好运哦。

等孩子的骨骼一天天强壮，妈妈也开始一步步退出他们的天地，退得冷静而得体。世界那么大，妈妈当然也有自己的冒险之路要走，毕竟故事才刚刚开始呢。

你是母亲，更是自己

“喏，你再好好琢磨一下，机不可失，别说我没提醒你啊，要开会了，先挂了。”

“哦……”我还没来得及说声谢谢，电话那头已是忙音了。淇淇是本科时的室友，打电话来跟我商量工作的事。

“妈妈，换电池哦，小熊不会唱歌了……妈妈！妈妈！”老虎的嗓门一档一档在提高。

“哦，来啦来啦，怎么了？”我缓过神来，赶忙走出卧室，跳过地板上横七竖八的玩具，来到儿子面前。

“小熊没电了，妈妈。”老虎皱起眉头。

“哦，好，妈妈这就帮你找新电池。”

“你自己想清楚，这么好的职位空缺，过了这个村可就没这个店了，我也只能帮你推荐这一次。我跟你摊开了讲，你在家这几年已经错过大把机会了，好不容易熬到老虎能离手了，你还指望把茉莉也送进幼儿园再出来工作？现实有多残酷，你是真傻还是装傻？复出工作这种事，能早一天是一天，否则到时候有你受的，你得为自己这几年的缺席埋单你晓得吧……”话糙理不糙，耿直如淇淇，把事实戳到我心窝子里，难过也痛快。我一边给小熊换电池一边在心里反复掂量着淇淇的话。见鬼！四节7号电池而已，正负极怎么总是塞错，按着小熊屁股鼓捣半天，“Here we go”，车轮子一响，它总算又能唱歌了。

给茉莉换过尿布，抬头看钟，四点一刻。我从地板上捡起几样玩具搬到露天阳台，“来吧，宝贝们，来晒晒太阳，这会儿光线正好，妈妈给你们切水果吃。”打开冰箱，猕猴桃、橙子、香梨、葡萄，洗净去皮切块，摆出一个漂亮的小果盘，插上两把小叉子，我拿上妹妹的围兜，顺手扯两张纸巾，走进阳台。

暮春，天空清净明洁，气温攀得缓慢，兄妹俩待在室外倒是蛮舒服。我拉过来一个圆鼓凳当桌子，把果盘在正中摆放好，给老虎和茉莉各拎来一把小板凳让他们坐稳。他们两个最喜欢坐在阳台上吃东西了。也只有在这个时刻，临近黄昏，微风袅袅，温度湿度刚刚好，阳光馈赠给我们一个柔软的角度，树叶沙沙翻涌，叉盘叮当碰撞，两个小鬼自顾自享受着美食，再无他话。我转过身两手搭在铁栏杆上，四下望望，深吸几口新鲜空气，难得的心旷神怡。楼下的小花园里，蔷薇正开，迎风吐艳，团团簇簇地伸到墙外。

“噔噔噔”，高跟鞋声从楼下传来，我探出头，今天竟然这么早？是住在一楼的银行女回来了。她三十出头，脸蛋平顺，身材极好，每日里早出晚归，从家门口走到地库总要经过我家楼下。我喜欢看她经过，一身掐腰小西装，手提一个 mulberry 棕色包，内卷的 bobo 头，脊背笔直，脚下生风。嗯，踩着朝九晚五的节奏，薪酬稳定，保险年假都有保障，能力可以得到认可，中午有同事一起吃饭一起八卦，忙碌而安全，职场生活想想还真是让人心动呢。

“妈妈，我明天可以去幼儿园了吗？”老虎吃到一半，忽然开口，嘴里还塞着一颗滚圆的黑葡萄。“嗯，咱们今晚睡个好觉，明早应该就没事了。”我忍不住呵欠连连，老虎有高热惊厥史，一烧起来，全家都跟着紧张。他昨天嗓子闹毛病，夜里烧到将近 40℃，喂了退烧药，我还是放不下心，每隔两个小时就自动醒来一次，还好他没事。

“啊啊，妈妈，啊！啊！”刚学会叫妈妈的茉莉举着一块橙子要喂给我吃。“谢谢女儿，谢谢。”我赶紧蹲下来张开嘴巴，捧着她的小脸蛋儿轻轻亲了两下。

“晚上想吃点什么，宝贝们？西红柿鸡蛋？醋溜藕片？再来一个冬瓜汤，怎么样？”我在脑子里综合调配着冰箱里的存货。茉莉是个极随和的小吃货，碗里有食就好，老虎却是无肉不欢，绿叶菜看都懒得看一眼。

“妈妈，我想吃贝壳和耳朵，昨晚爸爸做的那种。”老虎认真起来。

“呵呵，粉丝扇贝，凉拌猪耳是吧？”昨晚表弟来家做客，小郎亲自下厨做了一桌子重口，回锅肉，麻辣虾，哥儿俩吃得欢天喜地，老虎也跟着过足了瘾，又和小舅舅疯闹到深夜。

“对，妈妈。你就做这两个！”老虎点头表示认可。

“等你病好了再说吧，咱们先清淡一点，乖。”

“清淡，清淡，总是清淡！”他竟然篡改了小鸡卡梅拉[1]的台词！《我想去看海》里，叛逆的卡梅拉不想做一只普通的小母鸡，她觉得生活中应该还有更好玩儿的事可做，“下蛋，下蛋，总是下蛋！”我每每讲到此处，老虎觉得好玩，总要翻着白眼学我，甩出一副怪里怪气的腔调，装作特别生气的样子。

“哈哈，老虎乖，帮妈妈照看一下妹妹，妈妈去做饭。”我转身进了厨房。

我一手握着莲藕，一手操起刮皮刀，心绪难平……去还是不去呢？薪酬诱人，去的话日常开销倒是能宽绰不少，大家都能松快些。只是不能再陪茉莉了，我那么爱的小女儿。把她扔给保姆？托付给老人？越是亲自带，越是难放手，唉！况且，结婚这么多年，我和小郎早已习惯了过我们自己的小日子，虽然这“小日子”的代价是

〔1〕绘本《不一样的卡梅拉》丛书第一册《我想去看海》，（法）克利斯提昂·约里波瓦文，（法）克利斯提昂·艾利施图。

那么的大，自己常常苦得像个孤军奋战的女战士……公司离家将近20公里，来回搭乘地铁要三个钟头，早上七点半出门，晚上七点半回来……若是问小郎意见，他铁定那副百年不变的态度，“你高兴就好，爱干啥干啥，我都支持。”可他自己早已忙成飞人了，支持个屁咧……时光不等人,这么好的工作机会,真是只有傻瓜才会说“不”啊。一时间各种矛盾都涌上来，思绪好乱。

我备好食材，准备下锅，阳台上那两个小家伙，还在各玩各的，一个跪在地上拼图，一个提着喷壶给杜鹃喷水，谁也不搭理谁。夕阳罩着他们小小的背膀，两张小脸蛋仿佛镶了金边，我忍不住放下手上的锅铲，嘴角挂上笑，呆呆地陶醉在这逆光美景之中。

“老虎，你小心点，不要撞到妹妹，好吗？”晚饭后，老虎骑着滑板车在客厅里风驰电掣，茉莉靠在沙发边上摆弄着一筐布娃娃。一个人忙过兵荒马乱的时段，终于能坐在沙发上喘口气了。小郎出差在外，明天夜里才能回来。我抬头看一眼挂钟，再歇五分钟，就要给宝贝们洗澡了。

“听人劝吃饱饭，想去就抓紧时间，把简历先发我邮箱一份。不破不立,你懂的！”淇淇发来一条信息。我看了看,忍不住笑出声来,“听人劝吃饱饭”，呵，如此江湖老派，我把手机放到一边，抱着茉莉钻进浴室了。

“老虎，妈妈给妹妹洗澡，你自己先看会儿动画片哈。”我打开水龙头，调了调水温，然后帮茉莉脱掉衣服，摘去尿布，光溜溜地抱她在怀里，母女俩照着镜子，头歪在一起哈哈笑着，我刮一下你的小鼻子，你弹一下我的大脑门。

两个活宝终于洗完澡换上睡衣了，妹妹捧着奶瓶躺在旁边自己喝，哥哥又抱来昨晚的小鸡卡梅拉要妈妈讲。我坐在床中间，拽过来两个靠垫放在腰后，深深叹了口气，“来吧，坐好，妈妈开始讲故事啦——现在是下蛋的时间了！这可是小鸡们第一次下蛋，看，有的疼得哇哇直哭。‘啊，多可爱的蛋呀！’鸡妈妈们高兴坏了。只有小鸡卡梅拉拒绝下蛋……”

“下蛋，下蛋，总是下蛋！哈哈哈哈！”老虎像是等了好久，拍着大腿总算喊出这一句台词了。故事轻快展开，那只不安分的小鸡卡梅拉，终于鼓起勇气离开家去大海冒险，结果一个大浪把她卷上了圣母玛利亚号的甲板，哥伦布船长立刻下命令要把她拔毛煮了吃掉，从未下过蛋的卡梅拉急中生智，许下承诺，以后每天为船长下一个蛋！就这样，她为自己捡回了一条小命，卡梅拉连着下了 31 天的蛋，终于随船抵达了美洲大陆，还在那里意外遇到了自己的“真命公鸡”皮迪克……“啧啧,还真是一波三折呢,这蛋是不得不下啊。”我忍不住插入一句感慨，再一看他们两个，眼睛已经合上了，“唉，故事才刚刚开始呀，明天继续吧，卡梅拉后来的冒险之路还有很长很长呢。”我小声嘟囔着，合上绘本，把台灯旋得更暗些，兄妹俩相继进入了梦乡，我蹑手蹑脚地关好门出来。

“淇淇，你说的都对……”我窝进沙发里拿起手机，写了又删，删掉了又再写。“淇淇，我还是想多陪陪茉莉，我喜欢和她在一起，总觉得她转眼就要长大了，如今的每一天我都想好好珍惜。出去工作的事，等明年她去了幼儿园我再找机会吧。你也知道，当初决定留在家是我自己反复权衡之后主动做出的选择，得失我都认的。不过还是谢谢你哦，总想着我。”

“[发怒][发怒]大傻妞儿一个。”

“[亲亲][亲亲]”

“就是替你冤得慌，你说这黄金四年，整个被你牺牲掉了。母爱是有多伟大！”

“哈哈，停！我最受不了‘伟大’和‘牺牲’这种字眼，安谁头上也禁不起推敲。留在家多陪陪小孩，不过是眼前的一种生活方式，一个阶段而已。再说也是性格使然，你知道的，我本来就宅得要命，走到今天也是顺其自然的事。”

“嗯，也是，我是真干不了带孩子这差事，我一在家待着心里就慌，非得出门不可。忙忙碌碌的，有同事朋友在一起，好像安全感才多些，呵呵。不过有时看到小毅跟阿姨比跟我还亲，心里真不是滋味啊。还是觉得自己做妈妈做得好失职。”

“行了，别安慰我了。各有各的路数嘛，我的陪伴是靠走量，陪伴久了，习惯大包大揽，其实问题也不少。你是以质取胜，小毅那么自信独立，当然是你的功劳，职场妈妈绝对有自己的育儿优势。做妈妈这件事上，咱们得自己相信自己。”

“不管怎么说，只要咱能对自己的状态满意，心平气和的，孩子就能生活在一个轻松和睦的家庭气氛里，这才最重要，是吧。我也是多虑，怕你在家待久了，人搞不好就出溜下去了，咱是好姐妹，就算得罪你我也得提个醒。白天那会儿赶着开会着急,话要是没说好，你别计较。”

“哪里,这才是真闺密。姐保证不出溜,放心,优秀是有惯性的。[捂脸][捂脸]”我的眼圈忽然红了,挚友难得,心里不禁生出一份暖意。

“行了，不跟你扯了，我还得再加会儿班，部门新换了老大，明天会上我有报告，不敢对付。你也赶紧歇歇。”

“嗯嗯，快去忙你的。回聊。”

我把手机放到钢琴上，转身走进厨房，戴上手套，一池子的碟盘碗筷，满得都快掉出来了。屋子里安静极了，水龙头“哗”一开，好大的响动。洗碗池里很快堆起柠檬味的泡沫，我弯下腰，从水里捞出一个白色圆盘……

当初我怀着老虎时，淇淇也怀着小毅，记得有一阵子，她连续熬夜加班，结果胃溃疡发作，疼得整夜整夜睡不着，不忍心用药，硬是扛了下来。在那期间，肚子里的小毅唐氏筛查不合格，又做了羊水穿刺，等结果的某一天，她和我通电话时还是哭了，说无论是好是坏，都要把孩子生下来，幸好后来没事……

日后回想起来，宝贝降生之初的这几年，喜乐安宁也好，劈波斩浪也好，都不过是我们漫长的生命进度条里短短的一小截吧，他身上的奶香、他响亮的啼哭、他细腻的肌肤、他睡饱后缓缓睁开的眼，光影柔暖，仿佛梦一场，鼠标嘀嗒，一拖而过。

他的骨骼一天天强壮，妈妈开始一步步退出他的天地，退得冷静而得体。亲爱的老虎和茉莉，在人生的单行道上，愿我们既是母子也做知己。

世界那么大，妈妈当然也有自己的冒险之路要走，好像那只了不起的小鸡卡梅拉，大海如此神秘，故事才刚刚开始呢。

海外陪读女生的故事向来不乏戏剧性，开头往往是浪漫的桥段，一路往下走，泡沫接连破碎，被动、挫败、存在感缺失……可那又怎样，谁肯真的低头呢？即便生活暂时框住了我们，我们也会尽力在有限的空间里活出最好的自己。

海外陪读的打折人生

认识方方时，她已经在美国做了五年的陪读太太，大女儿四岁，小儿子两岁，老公藤校化工博士毕业，做了两轮博后，刚刚申请几所西海岸名校的 Assistant professor（助理教授）被默拒。那段时间，小郎就要结束商学院的课程，还有三个月，我们也即将离开美国。

那是一个上午，我领着老虎去图书馆上音乐课，课后照例和妈妈们一同去阅读区的游戏桌那里坐坐，宝宝们可以一起画画、玩拼图、看动画片。走近了，忽看到一个新面孔的华人妈妈独自坐在沙发上，一个两岁多的小男孩在她眼前玩耍。

奇怪，怎么有一股诡异而熟悉的味道？敏感的妈妈们都很自觉，纷纷把自家宝贝拽到身前，扒开纸尿裤冲里面瞄上一眼，“哦，不是我家这只。”确认后再放手随他们去。我也把老虎搂进怀里检查一下，以防万一。

这时，那个华人妈妈的脸红了，她起身准备领儿子离开，嘴上说着抱歉。原来她的小孩拉肚子，虽然已经给他换过尿布，但还是蹭到了裤子上一些。小孩第一次来这里玩，兴头上不肯离开，她出门又忘记给他带上替换的衣裤，所以……妈妈的神情里有掩不住的尴尬。

我背包里恰好有一条给老虎准备的备用裤子，看一眼小孩身高，应该穿得下，索性拿出来递给她。她笑着感谢，却执意要领宝贝离开，以免影响到大家。谁知小家伙犯倔不肯走，不哭也不嚷，只死死站在原地。妈妈为难，冲我笑笑，接过我手中的裤子，又抱娃去厕所折腾一通，终于清清爽爽地出来了。

“我叫方方，第一次来这里玩，以前一直领 Kevin 去 Downtown 的那家图书馆，听说你们这里的故事课是一个白胡子老爷爷讲的，小孩子很喜欢，所以特意来看看。今天，真的太谢谢你了。”妈妈脸上露出笑容。仔细端详，方方长得很标致，身材瘦小，笑起来特别有味道，很像《密阳》里全度妍饰演的女主角申爱。

第二天再见面时，方方把老虎的裤子还回来，一看便知特意熨烫过，叠得端端正正，放在一个小纸袋里。一起递过来的，还有一个小饭盒，里面是自己烤的黄油曲奇。聊得多了，便开始互道来历，原来她从前是沈阳某培训机构里的英文教师，和老公在相亲网站上认识，一个典型的高智商科研男，网恋一年，这期间，男生为她回国三次，痴情得很，方方毅然辞掉工作，跟他扯了证，结婚后赴美，扎到“村”里落了户。

我和方方相识后没多久，碰巧某个雨天，出不得门，我便邀请方方来家午餐，她爽快答应。Kevin 和老虎同岁，两个小男孩闷声闷气各玩各的，也相安无事，饭后并排躺到大床上，拍拍竟顺利睡下了。难得清静，我打了两杯咖啡，和方方坐到阳台聊起天来。雨渐渐小了，空气里沁着果木香。人在异国，格外需要朋友，我们是彼此生活里的新面孔，都想把对方抓到手里。

“我今年 30 了，你呢？”没有开场白，方方直插主题。

“同岁，天蝎座。”

“哦？呵呵，我金牛，大你半岁。平时我都混在他们 postdoc（博士后）的老婆圈里。”

“怪不得总也遇不着。”

“嗯，那些姐姐们多数比我大。有从前弹钢琴的、做 HR 的、报社当编辑的，还有混娱乐圈的，来这‘大农村’陪读，七八年陪下来，嘿，齐刷刷的，都成好主妇了……”

“呵呵，都烧得一手好菜。”

“夫妻感情倒是都很稳定。家里面，生俩娃再养条狗，标配。看看那些大姐今天什么样，我就知道自己未来什么样。就差一条狗了。”

方方不屑地摇摇头，驼着背，眼里忽一抹冷桑流出来。

“嗯，当初都是满心欢喜地来……陪读女生日子不好过，没娃儿的能闷死，有娃儿的能累死。手头阔绰的话还稍好些。”我听着她的独白，脑子里闪过一张张面孔，似乎还真的无一例外。女生们走过的路大同小异，从小被教育认真读书，独立自强，好不容易杀出重围挤入名校，毕了业刚刚在工作中有点起色，还没来得及大展拳脚，就在因缘际会间忽一个转身，背井离乡，变成了陪读太太。

“本来计划得好好的，我来美国先读个硕士，找到工作再生孩子，结果来了不到两个月就怀上了。我家詹哥年纪大，坚持要，我就答应了。他们家哥儿仨，婆婆照顾两个国内的孙子都忙不过来，听说我们怀的是女儿，更不愿过来了。我妈身体一直不好，根本不指望。就算她们肯来，商业医疗保险贵得要死，如果冒险裸着，一旦出事，我们这点积蓄分分钟就全白玩儿了……一堆乱账，还不如自己生扛着。”她顿了顿，喝掉手里的咖啡。同是全职妈妈，个中滋味，已经默契到懒得多说，交换个眼神就足以钻进彼此的心了。

“詹哥的收入勉强维持生活，咱们这种陪读签证还不能工作，开源不成只能节流，来美国五年，穿了五年的打折 Gap，呵。整天各处攒 coupon（商场超市打折优惠券），包里一掏一把。国内老家的亲戚朋友还以为我们在外面指不定有多快活呢……从前在国内教英语，一个月赚一万多，在沈阳敞开了花，想买什么买什么，唉……我的人生啊，从踏出国门那一刻起就没了。”看着眼前的姑娘，眉目间的风韵依然迷人，身段玲珑有致，好像一出戛纳影后遭遇变故潦倒他乡的戏码。“影后”拍了拍 T 恤上的饼干屑，解开头绳，长长的马尾瀑布般散下来，妩媚极了。

“没想过回国发展？”不知说点什么好，我只好呆呆循着老套路。

“哪有那么容易？这个 U turn[1] 不好打的。当初赤手空拳地来，累死累活撑到今天，谁甘心就这么打道回府。我家詹哥是个闷头干活的死性子，实验室里数他最拼，我让他圣诞节给老板送点礼物，他都扭捏半天。唉，再说，现在博后市场供大于求，他都出来十几年了，国内一点人脉没有，往哪儿回啊。孩子们也适应这里的生活了，一天天傻乐和，回去也不知道自己是美国人还是中国人。熬着吧。盼着詹哥能早点申请到 Faculty（教职员）的职位，收入再多些，可以把 Kevin 送到幼儿园……我还是想去读个书，社区大学也好，不想一辈子做家庭主妇。”说话间，一只松鼠从对面的树林里颠儿过来，沿着木板房的管道，竟跳到我们阳台上了，我刚想扔一粒杏仁给它，它瞪了我们一眼，“噌”地蹿走了。

“你说，在美国，家庭主妇比例那么高，总觉得她们做主妇做得趾高气扬，特有奔头儿，咱们好像就没那么有安全感，总觉得这不是个长远的事，也不太喜欢自己的身份。”虽然陪读太太就要做到头了，我的心中也仍然有很多疑惑。

---

〔1〕U 形转弯，尤指车辆在街道上作 180° 调头。此处是比喻说法。

"你想想看，他们老美的三观里，家庭的分量多重啊，永远摆在第一位。再加上女权斗争了这么多年，一波接一波的，两性平等是起码的政治正确吧。家庭主妇付出的劳动是能得到社会整体公认的，受到的尊重一点不比职业女性少，况且，即便她在家里待上几年，重返职场也绝非难事，后顾之忧少，人肯定理直气壮啊。喏，你算算，这其实也是笔经济账。一个美国中产家庭，基本上养两到三个孩子，三个是正常量。美国人工贵，这妈妈若是原本薪酬就一般，请保姆显然不划算；同时，美国的税收政策也有优待，若老婆在家，再加上孩子多，退税退得也多。所以，留在家绝对是性价比很高的选择啊……唉，可惜咱们骨子里总也转不过来这个弯，不能换个思路肯定自己的价值，总觉得在家看孩子，书白念了，也让父母失望了，自己跟自己拧巴，臊眉耷眼的。我来美国都五年了，现在心里也还是不甘心。"话落，"影后"把头发往耳后一别，又是一声叹息。

忽然，方方电话响了，是她家詹哥，"喂，……哦，……这样啊，没事没事，再等机会，你别多想……好啊，几点到……没关系，我领着他们去接你，他们睡不了那么早的……嗯嗯，放心吧，晚上机场见。"方方挂掉电话，挑了挑眉毛，深深叹了口气，"唉，又没戏了。"不用问也听得出大概，詹哥在波士顿面试不利，教职申请被拒，心情沮丧，想搭最快的航班回家。

两个小男生哭叫着醒了，我们的对话也就此被打断。三点一刻，方方载着 Kevin 离开了，她说今天的任务还有很多，得先去超市买菜，然后去教会幼儿园接女儿放学，再带着 Kevin 陪女儿上舞蹈课，回家做饭吃饭，晚上会有一个邻居小男孩来家里学一个小时的中文，她赚点外快补贴家用。詹哥飞机 9 点落地，她还要带着宝贝们去接机。

送走“影后”,我回到客厅收拾东西。老虎倒一副恋恋不舍的神情，大概觉得这个酷酷的新伙伴还不赖，站在阳台上望着人家车子驶去的方向，迟迟不肯进来。

海外陪读女生的故事向来不乏戏剧性，开头往往是浪漫的桥段，一路往下走，泡沫接连破碎，被动、压抑、挫败、无聊、存在感缺失，这些都是我们曾满分通过的心灵必修课。陪读的时间越久，处境越尴尬，一年半载尚好，权当旅行散心长见识，三五年便难熬许多了。可即便如此又怎样呢，谁肯真的低头呢？即便生活暂时框住了我们，我们也会尽力在有限的空间里活出最好的自己。虽然我们注定终将被生活打败，但绝不应该是身强体健的现在啊。

于是，有那意志坚定的女生，破除万难攻下新学位，找工作，换身份，成功逆袭。也有一些脑筋灵活的，做代购、写专栏、当家教，赚份零花也图个消遣。当然，也会有一类特别幸运的姑娘，她们天生钟爱家庭生活，在处理家务、照顾家人的过程中才华尽显，乐此不疲，可以收获满满的成就感，看她们做主妇，总是神采奕奕的，很是让人羡慕。也有些女孩，中途果断转场，独自返回国内工作，虽说挨到最后，多是锦水汤汤，与君长诀，可她毕竟重新找回了自我，即将开启一段新的生活，这也未尝不是一个阶段性的 happy ending 吧……

其实，无论哪一种结局，都足以惹人唏嘘，我想，多半因为，这些事，都发生在女生们最好的年岁里吧。想想来时路，谁又不是因为爱呢?

每年夏天，总会有新的陪读女生到来，她们美丽，热情，不想和自己的爱人分开。她们刚站稳脚跟，就会嗅觉灵敏地找到“组织”，主动向当地的“前辈”们打听这里的生活，“前辈”也总是慷慨，“之前啊，我听说一姑娘，和你一样……”

最终，我们都成了故事里的那个“姑娘”。韶光易逝，刹那芳华，这其中的爱与哀愁，足可以撑起一部八点档的电视连续剧了。

那天从我家离开，方方没有再来我们相识的那家图书馆。她的手机是签约时运营商免费送的那种基本款，不能上网，她也没有微博和微信，于是，我们渐渐少了联系。彼时，我和小郎也开始筹划回国工作的事，家里的财务状况早已捉襟见肘，茉莉又在肚子里一天天长大，本来计划着自驾横穿美国来一场华丽丽的毕业旅行，盘算几个来回，还是放弃了。

没想到，再见到方方，竟是临走前折扣店里的偶遇，她正蹲在地上给大女儿挑选运动鞋，地上摆了三双，都是 bling bling 的亮粉色。四岁小女生穿一件红白条纹相间的 Polo 衫，牛仔短裤，扶着妈妈的肩膀，左右扭着身子，咯咯咯地笑。“乖啦，别乱动，瞧你笑的。”妈妈握着女儿的小脚正往鞋子里使劲蹬。

打过招呼，我说我们下周就要离开了，有空再聚聚。她笑着答应，气色清爽好多。小女儿很热情，揪着自己衣服上粘的一个海绵宝宝的小贴画给我讲起来，我蹲下来耐心听着。方方忽然略带腼腆地说："詹哥在 ×× 大学，拿到 AP 的 offer 了，前天刚接到消息，我们下个月也要搬走了。""影后"的笑容绽放开来，"哇！"我连声恭喜，深深懂得那一瞬间写在她脸上的幸福是多么来之不易。

这时，只见詹哥推着购物车从远处过来了，小 Kevin 坐在车筐里，手上抱着一桶积木。第一次见到方方口中的詹哥，如我想象，是一个沉稳冷静又俊朗斯文的科学家模样，个子高高的，话不多。方方站在他身边，瞬时一副小鸟依人的娇憨状，好般配的一对呢。匆匆寒暄，继而告别，约着两家再聚。方方从地上拿起一双小球鞋，"甜甜，就这个有小猫的吧，好吗？"女儿咬着嘴唇，眯起眼睛点头。

一家四口转身走向收款台，方方一手拉着女儿，一手挽着科学家的胳膊，步履悠悠缓缓。

把多元家庭的样貌，以一种平常的视角，通过有趣易懂的故事传递给孩子，实在是很有必要的事。

世事无常，唯爱一样

晚上九点一刻，同学会散场，大家一路勾肩搭背走出饭店，嘴里客套地念着来日再聚。我们五个女生里三个已做了妈妈，八点之后屁股就坐不住了，趁着别人聊天的空当，手机悄悄拿起又放下。两个男生，一个是新婚，一个是新爸，新爸倒是不急，估计难得抓到正当理由出来透口气，很想拉着哥们儿换场再喝一轮。新婚的却惦记着家里的小娇妻，寒暄两句，走了个痛快。

临到门口，我忽然觉得肚子不舒服，和他们匆匆告别又跑回了饭店的卫生间。都怪自己，中午在路边小馆吃了盘咖喱虾仁饭，原本一碰咖喱就会腹泻，还是冒险破了戒。待我重又走出饭店大门，已是二十分钟后了。车子停在 50 米外的马路对面，我踩着高跟鞋冒着虚汗，想到还要开十几公里才能到家，忽然觉得后槽牙都跟着痛了。

这蹩脚的地儿，十点不到，路上就没什么人了，黑黢黢的。恍惚觉得远处立着的那瘦高姑娘怎么那么像小夏？真的是她！散了这么久，她怎么还在这里？

“还没走？等车呢？”我过去拍拍她肩膀。

“是啊，叫了个专车，那师傅路不熟，打两个电话了，还在一公里外呢。你怎么样，肚子好点没？”

“咳，没事，自己乱吃东西作的。别等了吧，我送你，还住安贞桥呢吧，顺路。”

“搬家了，亚运村那儿。”

“哦？那离我家更近了，走吧。”

小夏也没多犹豫，打了个电话给司机师傅，跟着我上车了。

也不知怎么，关上车门，我直觉小夏她哪里不对劲。其实刚刚的聚会上她已显出些疲惫，看似热情地附和着大家的话题，可聊起自己近况，三两句就略过了。她又说自己中午刚下飞机，喉咙有点不舒服，大家便当她旅途劳累，谁也没再多问。

“我说，你最近是不是瘦了好多，看这小蛮腰，少女身段啊，这是去做高温瑜伽了？”我和小夏算不上闺密，她读书时是个高冷美人，很少吐心事，这几年偶尔能来参加个同学会，已经很给大家面子了。

“哼，失眠，一天睡不到仨钟头，瘦得快着呢。”她语气异常平静。

“啊？工作压力大吧，手底下那么多号人。”开到簋街附近，行人和车辆忽然多起来，本该料到此处的糟糕路况，真后悔一味跟着导航。

“工作还好……我离婚了，上个月。”冷美人像是在说别人的事。

“啥？”我下意识猛地扭过头看她，眼睛瞪得溜圆，惊诧不止一重。

“嗯，离了。没想到是吧，咱班第一个离的，呵。刚才聚会时知道大欢儿刚结婚，你看他笑得跟个烂柿子似的，我想就别提自己的事了……就是特别狗血的那种，能懂的吧。”小夏头一歪，斜眼看向我。

“哦……”我整个人仍旧蒙着，果然是小夏，和从前一样啊，“牛！”我大概脑子突然短路了，竟然冲她伸出了大拇指。

小夏哈哈笑了，忽然提高音量：“哎你跟这儿右拐，前边有条小路，好走些，我指给你。”

“好！”

这么多年，她恋爱结婚生子，没一件事是隆重昭告天下的，大家也都是辗转听来她的种种近况。人长得美，事事皆传奇。小夏的这位前夫我只见过一次，还是几年前在机场的偶遇。他们小两口从塞班度蜜月归来，等行李时，恰好与我是相邻的两个转盘。印象中他是个时尚又谦逊的男生，在一家传媒公司做广告策划，小夏似乎大他三四岁吧，两个人在一起养眼得很。模模糊糊听说他们当年是闪婚，男方追得猛，小夏又在失恋的空窗期。

沉默了一分钟。

“闺女呢？跟着你吧？”我想起她家的小粽子，那天使般惹人怜爱的小模样，虽然只在朋友圈里见过一两张照片。

“嗯，小粽子跟我。还没告诉她呢，三岁还不到，说也说不明白。她只当是爸爸出差在外……唯一对不起的就是我女儿……尽力补偿吧，多赚钱。”小夏抽了下鼻子，我有些后悔，鲁莽提及女儿，显然戳到了她。都是妈妈，我不自觉地在心中排演了一遍这创伤的起承转合，若换成是茉莉，我要怎么办。

成人世界，规则大体清晰，无论个人的选择为何，总归有出路，犯了错肯埋单就 OK，只是难为那些小粽子小汤圆小馒头了……甜糯圆满的小不点儿们，被迫先一步体味这世事无常。之前在美国，从图书馆借书给老虎看，时不时会碰到绘本里的主人公小孩有两个爸爸和两个妈妈，小孩平时跟着亲妈和继父生活，周末去到亲爸和继母家里，规律穿梭于两个重组家庭，似乎也快快乐乐的。也有两个 gay 爸爸，或是两个拉拉妈妈的情况，小孩子该怎么过还怎么过，调皮捣蛋，故事一样好看。当时还颇为诧异，幼儿绘本如此与时俱进，真的有必要吗？如今越来越觉得，把多元家庭的样貌，以一种平常的视角，通过有趣易懂的故事传递给孩子，实在是很有必要的事呢。

“陈雪，还记得吗？比咱们高两级的那个师姐，学生会的，特能张罗那个？”小夏说着冷笑两声。

“哦，有印象，风风火火的那个，她怎么了？”这名字如此遥远，我在脑子里拼凑着关于那位师姐的记忆碎片。

“小离婚那天碰上了，人家是为了买房子假离婚，跟老公挽着胳膊，喜眉笑眼的，她以为我也是呢，呵，我说我们是来真的，师姐当时那个尴尬。”

“哈哈。”我一个没忍住，竟放肆笑出声来了。身边“来真的”的姐妹越来越多，其实，多一桩也不是什么稀奇事了。我们那些盟过誓也流过泪的小情小爱啊……

片刻，小夏又开口了：“是我主动提的离婚，除了孩子归我他没异议，财产分割那叫一惨烈，极度毁三观啊。我跟你说，整件事下来，我唯一后悔的是当初没找一个代理律师，哪怕找个靠谱的朋友呢……不得不和他一次次见面，每次都无法避免情绪激动，哼，明知道人家已经不爱你了，还得拉锯似的，一样一样谈，五脏六腑都扯出来了，真是又痛又难堪。”小夏说着，从包里翻出瓶纯净水，咕咚咕咚喝下几大口。

“肯定痛啊……”我没想到小夏会突然在我面前敞开心扉，想必，那刀绞般剧痛的阶段，她已关起门来咬牙扛过去了吧，“找个心理医生聊聊吧，据说还挺好用的。”

“找了，800 块一小时，还是私人朋友价，能缓解一些。我那医生还挺特别，就听我自己在那儿哇哇讲，也不打断我，也不瞎分析，眼神坚定又温柔，好用……”

从前一直远远看着她，看她上台唱歌，一曲《囚鸟》听得台下的我泪水涟涟，看她大二就去外企实习，连着翘课却依旧能拿到奖学金，看她早早搬到校外独住，毕业前轻松拿到500强公司的offer，看她走进教室，身上飘着可可小姐迷人而不羁的芳香。

此刻，十年后的小夏两只胳膊交叠在大腿上，微微抬起右手食指，边说边转圈比画着，正在讲她如何一步步原谅自己，如何接受眼前的窘境，如何尝试着重新抬起头来……时间爬过肌肤，她依然是那个强悍又傲气的小夏啊。

她顺嘴问起我和小郎可好，十几年过去了，作为校园恋爱硕果仅存的一对，在老同学的眼中，我俩有时像是一套活标本，被钉得规规整整。

“过日子呗，赚钱、养娃，就这两件事。每天一睁眼就忙得脚打后脑勺，哪有工夫琢磨好不好的，不断粮就知足。”我嘿嘿笑了，想起前天还完房贷后银行卡上的可怜数字，忽然觉得小夏此刻的爱与哀愁简直是某种奢侈。

“嗯，是哦，娃儿……当初若不是意外怀上小粽子，我和阿峰也不会那么快结婚，他不想要，我坚持要……唉，走到今天，活该，各打八十大板。”小夏说着扳下头顶前方的挡光板，冲着镜子揉了几下眼睛，然后身子一萎，溜回座位。“万般皆是命，半点不由人啊，嘿嘿。”

“嗯，理解，move on，前方一定有真爱。”车子从小路拐出去上了二环，一下子顺畅多了。黑夜打底，霓虹闪耀，每辆车子都似一座漂移的孤岛。

“呵，真爱，等等再说吧……走完这一段，跟扒了一层皮似的，好累……不聊这些没劲的了。正好问问你，我这些天琢磨着申请一个美国的商学院，去读个MBA，带着小粽子一块儿去，一是确实需要充充电，二来也想换换环境，调整一下生活，靠谱吗你说？”说到留学，小夏振作起精神来，使劲儿翻一下大双眼皮，从前那个嘎嘣溜脆目光凌厉的狠角色似乎又回到眼前了。

“靠谱倒是靠谱，但估计，你得把姥姥也带过去，学业负担太重了，熬夜绝对是家常便饭，总得有个人帮你接送孩子照顾这小不点儿啊。你也得有个心理准备，有时面试见校友什么的，活动也不少，你很可能到处飞，好几天不着家，这一老一小自己能不能行也是个问题。”小郎班上曾有一个离异带着宝贝去读书的姑娘，我至今仍记得，她母亲来美国照顾他们，结果重感冒病倒，她又不得不赶飞机去面试，弱弱提出把自己四岁儿子暂寄我家两晚。领孩子进门时，一脸的歉意和无奈，大包小包装满了吃的，两天后接走时又连连点头道谢，嘴角上拱出一颗绿豆大的火泡。

“姥姥就算了，哼，现在最想躲的人就是我妈了，特打怵回家……不愿意让她看到我现在的样子。再说吧，到时候看看，能不能找我小姨陪我出去。”

她又问起申请学校的诸多细节，我把脑子里记得住的都跟她唠叨了一遍，留了小郎的微信和电话给她，让她有需要尽管联系。

过了安慧桥，小夏的娘家到了，我放下她，简单道别，调头回家。

路上的车已经少多了，打开 radio，音乐台正播放卢巧音和王力宏的《好心分手》，“神哪，要不要这么应景！”我不禁摇摇脑袋。“从头努力也坎坷，通通不要好过，为何唱着这首歌……”我也不自觉地跟着哼起来，操着 TVB 里学来的山寨粤语，嗓门越来越大。结尾时，竟把自己的眼圈也唱红了。滥情的婆娘，离婚的又不是我！

曾经金玉良缘，转眼分离无恋。一路开着车，忽然想起春节时回老家，和小表弟在大排档吃烤串，他吐着烟圈跟我讲起他那帮好哥们儿的情史，套路极统一，早结早生早离，玩够了再说，“姐，如今流行‘离婚要趁早’，谁将就谁啊，看不顺眼就散伙呗。”

“啥狗屁理论，这都什么朋友啊？三观不正我跟你说……”我喝下几口啤酒，玻璃杯狠敲两下桌板，继续摆一副大表姐的面孔教训他……

他才 27 岁，挂着大大的黑眼圈，仿佛千帆过尽，“嗯嗯，你是我姐，你说啥都对，喝酒喝酒。”

流年暗中偷换，好景不长的预判，似乎每一对伴侣都隐隐体察过。可老套的情节里，不是要等到男人功成名就再别了发妻另娶娇娘吗？或是女强人拉扯大孩子，再狠一跺脚甩掉家里那个鸡贼懒惰的秃顶男吗？总归有一程责任要负的吧，剧情怎么都变了呢？节奏也加快了不少呢。

掏出钥匙，轻手轻脚地进家门，第一时间脱掉高跟鞋。客厅的灯还亮着，电脑也没关，他们爷儿仨却已经在卧室里横竖睡满一床，冷气开得冻死个人。小郎一定是为了哄他们入睡而自己装睡，结果弄假成真，鼾声如雷。我弯下身挨个亲一口他们的脑门，把空调调高 2℃，转身离开了。

卸掉眼妆，镜子里冒出个憔悴女鬼，我突然觉得肚子又疼起来了。

脑子里仍是小夏黑夜里站在路边等车的身影……犹记得大一新生报到日，我们大包小裹提着行李闯进寝室，衣架脸盆饭盒，崭新琐碎。每个女孩都主动介绍自己，渴望尽快被团体接纳，出入能有个人陪。然后，小夏进来了，背着吉他，吊带热裤棒球帽，手臂上一排绑绳珠链，懒懒一声“Hello”，半天再无话……

PART 8

老爸的责任与力量

一切美好的前提，是这个爸爸得“在场”，深沉而充满力量的父爱需要日复一日面对面的拥抱与交流，方能被激活。

父爱必须“在场”

老虎出生时，小郎刚好略有空闲，可以全天在家，于是，他主动担下了给小家伙换尿布的任务。我负责“吃”，他负责“拉”，分工明确。小郎动手能力蛮强，这点小事难不倒他。从前家里送来个餐具柜或是五斗橱，他根本懒得看说明书，一顿饭的工夫，妥妥地安装就位，鲜有返工。我说这辈子跟着你肯定饿不死，就算金融危机搞到你失业，水电焊挖掘机厨师美发，你一定样样都行。他说到时候就去当个木匠，锯凿斧刨，打他一手好家具。

他没想到的是，襁褓中的婴儿一天恨不能换二十张纸尿裤，黑便绿便一直拉到黄便，散发着一股诡异的味道。尿了需要湿巾擦，拉了又得抱去温水洗，红了还得涂一层白泥状的屁屁膏。小郎倒是有耐心，按部就班，一次也不曾有过糊弄，只是嚷说腰疼，埋怨我没用的东西买了一大堆却不肯给他备一个尿布台。有一阵子，老虎反复红屁屁，他不知哪里冒出的歪主意，取了电吹风来，冲着老虎的屁股一通吹，说是保持干爽才是治本良方，没想到三两次后，尿布疹竟真的彻底痊愈了。反正老虎初来乍到的那两个月，新手奶爸都在和儿子的屁股打交道，哭声即命令，随哭随到。

犹记得出了月子的某天早上，小郎从外面买了豆浆油条回来。刚摆到桌上，他吸了吸鼻子，忽然说不想吃了。我问为什么，他打开豆浆杯的盖子，举到我跟前，“你闻，和老虎大便的味道一模一样。”

“有吗？我怎么不觉得。”我端起杯子连喝几口，“挺好喝啊。”

小郎看着我，喉结一骨碌，仿佛真的快要呕出来了。他冲我竖起大拇哥，捏一根油条自己跑到厨房站着吃去了。

两年半后，茉莉出生。那段日子我们母子三人暂与小郎分居两地，他在上海工作，我们留在北京，倚仗姥姥姥爷的照顾。分娩的前一天，小郎赶到医院，夜里三点，我们母女被护士从产房推回到病房，护士刚离开，小郎赶紧俯下身，在女儿的小嘴巴上轻轻亲了一下，“哈哈，初吻给爸爸咯！”茉莉睡得香甜，鼻头上鼓着小白点点。他跟个傻小子一样，守着女儿，笑得合不拢嘴。父亲注定会是女儿未来的 first love，在她悄然展开的柔软心田里。

很快，假期结束，小郎不得不走，我在月子里尚不便出门，便和老虎趴在窗台上目送他离开，看他拽着拉杆箱穿过小区花园，身影消失不见。我们又转到房间另一端的阳台，等着他绕出小区门，沿着马路向南走，五分钟后，人又从树影中冒出来，步履如飞。只几步路的工夫，街边竖起的广告牌又把他遮住了，“爸爸不见了。”老虎抬头看我，“嗯，走吧，不看了。”我们重新回到房间去找茉莉。“爸爸”不在，母爱再浓烈，也依然显得寂寞。

日子愈发辛苦，接连不断的雾霾天，把人憋在家中动弹不得，心里的尘灰也越积越厚。随后的大半年里，小郎几乎每个周五的夜里都睡在京沪高速列车上。周六一早到家，周日傍晚再匆匆奔赴车站。相聚的时间太短暂了，以至于他踏进家门的那一刻，我心里便觉得有个倒计时的沙漏已悄悄立起来。

“太折腾了，瞧你两头跑的。”我撒开手，肉乎乎的小女儿陷进爸爸的臂弯里。

“没事，抱一抱茉莉，什么都忘了，嘿。”他低下头，轻轻吻一下茉莉的额头。

大半年后，我们排除万难终在上海团聚，满以为可以回到从前朝夕相处的小日子，谁知钢铁侠的工作强度与日剧增，老虎和茉莉常常连着几天也见不到爸爸。有一段时间，小郎的工作和考试挤在一起，陀螺般连轴转起来，朝九晚十，频繁出差，周末还要泡在图书馆，家虽然离公司只有五公里，却也不过是他书房里的那张单人床罢了……这边厢，我们“三人小组”每天睁开眼便是紧锣密鼓的吃喝拉撒，养育老虎的诸多辛苦在茉莉身上又重来一遍，且全面升级，我只觉得每日说话说得口干舌燥，头昏脑钝。茉莉刚刚能站稳，努力在学走路，不知摔了多少个跟头，嘴巴里乳牙一颗接一颗往外冒，小女孩一阵疼一阵痒，哭着要人抱。老虎在幼儿园交朋友频频碰壁，回家一脸不痛快，抢妹妹玩具撒气，接着再挨妈妈的骂……生活仿佛陷入了某种死循环，谁的日子都不好过。

不知从哪天开始，原本娇憨随和的茉莉开始躲着爸爸了。偶有几日，小郎破天荒地准点下班回家，兴冲冲进门，茉莉见爸爸伸开双臂来抱她，竟连推带挡，扭着身子向妈妈求救。小郎不依，故意装作怪兽，一把抱起小公主，小公主奋力脱身不得，当即哇哇哭起来……爸爸忽然不知所措，积攒了许久的父爱，被女儿迎头泼了冷水，难道 timing 不对？爸爸讪讪笑着把女儿送回我的怀抱，又吆五喝六地去找老虎，老虎简直视他如空气，酷酷地抬一下眼，低头继续画飞机。“呜呜呜，你们都不理爸爸！”小郎两手捂住脸，把自己重重摔在沙发上……

他当然知道，这是他不得不面对的所谓“代价”。曾有那数不清的夜晚，老虎抓起我的手机，一条条发语音给小郎，“爸爸早点回家陪我玩好不好？”“爸爸，我想你。”爸爸的回复时快时慢，点开来，却总是模板一样的开头，“儿子，抱歉哦”，跟着 blabla，一串“不得不”的理由。然后，再一条补过来，“爸爸爱你。”老虎起初耐心听完，有几次眼泪扑簌，后来，听了开头便扭头走开了，“爱”的字眼，从我的手心流出来，惯窸窣的……再后来，老虎已懒得再找爸爸。

我们娘儿仨越抱越紧，小郎逐渐被“排挤”在外，人回不来，再多的玩具送到家也无济于事，小鬼们只认本尊现身，呼唤有应。西方的育儿畅销书中，常常提及父亲在家庭中的角色如何重要，所谓的masculine role（男性角色），关乎责任、勇气、理性、领袖精神等听上去那般优秀的品质。可这一切美好的前提，是这个爸爸得“在场”，深沉而充满力量的父爱也需要日复一日面对面的拥抱与交流，方能被激活，尤其在孩子的幼年阶段，当他把软糯的小手伸向父亲，是多么渴望能被爸爸那只粗壮有力的大手牢牢握住呀。

足有三四个月吧，钢铁侠彻底忙过那一阵，终于休了长假在家。老虎也正值暑假，一家四口决定哪儿也不去，就乖乖在家过一个懒散假期。小郎早晚守着孩子们，兄妹俩花样百出，支得他团团转，父子父女之间的感情也在爹地有求必应的行动之中迅速回升。长假的第二天，我从外面买菜回来，推门撞见小郎直直站在客厅中央，伸开双臂装成大树岿然不动，老虎跟个泼猴儿一样，正大呼小叫地往上蹿爬，茉莉坐在地上，一边吃荔枝一边仰头看着这对搞笑二人组。

傍晚，小郎亲自下厨准备晚餐，兄妹俩央求着要看爸爸炒菜，爸爸担心他们被热油溅到，便让他们轮流骑到自己的肩膀上，整整半个钟头，刚放下20斤重的茉莉，又驮起30斤重的老虎。厨房里没有空调，三盘菜炒下来，T恤湿了大半。饭桌上，小郎忙着给两个小鬼剥螃蟹，剔出细白的蟹肉放在小碟子里，半天才攒下几小块，老虎和茉莉两口就塞进嘴巴。餐毕，杯盘狼藉，爸爸眼前满满一盆空蟹壳，自己还没来得及尝个鲜。茉莉下了桌，跑去跑回几圈，又蹭到小郎身边，伸开两只小胳膊，要爸爸举高高。

好景不过三两天，钢铁侠很快便病倒了。他自己也清楚，之前工作和考试并行，拼得太狠，体力严重透支，重压过后，免不了有麻烦。于是，一场由他发起的重感冒，迅速传给了老虎和茉莉。余下的五天假期里，他们爷儿仨发起高烧来此起彼伏，我手里握着把耳温枪，巡逻兵一般三方监察，看谁神态可疑，揉眼打蔫儿，一把揪过来摁住，“嘀嘀嘀”，“你，38.9℃了，去吃药！”

喝下退烧药水，宝贝们昏昏睡去，小郎躺在他们身边，囔着鼻子嘟哝：“老子不想活了，这假休的，比上班还遭罪。”话落没多时，呼噜声便响起来了。爷儿仨睡成一排，长长短短，集体歪向右侧，好像三个狙击手。

假期接近尾声，他们的感冒也好得差不多了。周一清早，一切重回正轨，小郎上班，老虎去了幼儿园。风和日丽，我推着茉莉去公园晒太阳。午后四点一刻，掐着时间去接老虎放学，回家洗一盘水果放两集动画片给他们看，趁着两人安坐的空当，我立即钻进厨房准备晚饭。

饭后玩了半晌，老虎像突然想起什么似的，从包里翻出我的手机，解锁，进微信，点开爸爸的“孤狼”头像。又准备发消息了？我一旁看着，心想说，你个傻孩子，你催他回来也没用啊，该晚还是会晚，何必让自己失望呢？

老虎摁住按钮开始说话了："爸爸……我想你了……"停顿了两秒钟，他松开拇指，"嗖"发出去了，我心里一震。老虎放下手机，刚想转身，"噗咚"一声，这么快就回复了？哼，肯定又是一堆抱歉的话，猜也猜得到！我心里默念着。老虎兴致勃勃地点开，"儿子，爸爸到楼下啦，给你们买西瓜呢，等着！"老虎笑了，"耶！耶！"傻蹦起来，茉莉也跟着咧开嘴巴。她还不会讲话，笑出声来，便是在昭告自己的好心情啦。

从前读书时，老师在课堂上教给我们"C' est la vie"的用法，那是法国人常挂在嘴边的"这就是生活"。当时我们只有十八岁，在笔记上写下这个短句，只觉得简单好记，几个小姐妹回到寝室里，没事就拿出来互相说一说，硬要从清平里挤出一丢丢的沧桑来。十几年过去，如今想起来再随口讲讲，好像自然了很多呢。

C' est la vie！这就是生活！

不试不知道，其实爸爸有自己很男性化的一套育儿本事，这身本事或许需要给他一个独立自由的空间才能得以施展。OK，终于想通了，原来妈妈要做的，就是潇洒放手“撵他们出门”那么简单！

老爸的带娃才华

周六清早，我一睁眼便觉得晕得厉害，勉强爬起来给茉莉冲了瓶奶粉，躺回床上便开始天旋地转，一阵恶心，我意识到自己的偏头痛犯了，没个商量。于是使劲踹醒小郎，让他照看两只小鬼。他昨夜飞机晚点，到家时已是凌晨，此刻正睡得酣实。梦中接令，一骨碌坐起来，恍惚以为出了大事。

我躺在床上，闭着眼，听着他们父子三人磨蹭着，窸窸窣窣穿衣下床。“茉莉，穿鞋，别着凉。”我嘱咐着，脑子里的小鼓已咚咚咚响起来，再没力气说出第二句话。

“我要妈妈，妈妈给我穿鞋。”茉莉坐在床边耍赖。

“妈妈生病了，别吵，让妈妈休息，今天爸爸陪你们，听话啦。”小郎打着哈欠，一把将茉莉抱出房间。

“那我们早上吃什么呀，爸爸？”老虎光着脚丫子直接跟出去了。

房门虚掩，我隐约听到他们在客厅的对话。爸爸说牛奶泡麦片，他们说不，爸爸又说煎鸡蛋，他们仍不答应，爸爸没了主意，冰箱门开了又关。老虎见缝插针提议去麦当劳吃早餐，茉莉马上说“耶”。随即鞋柜发出“吱”的一声，我猜小丫头已经一屁股坐在地上准备穿鞋出发了。

“那……好吧，洗个脸再出门嘛，茉莉你先过来。”小郎清醒了大半。

“回来再洗吧爸爸，反正妈妈也不知道，别费事了。”这小鬼是有多狡猾，刷牙洗脸这种事，他总是能躲则躲。

“啧啧，这样可不好吧……那走，咱们去麦当劳！”听，爸爸就这么轻易地妥协了。半分钟的工夫，家里寂静无声了。

我躺在床上，拇指抵着太阳穴，默默享受着这个头痛换来的清宁早晨。窗帘遮得密实，屋内依旧五更天的样子，外面究竟是怎样的天气？前日秋分，下了一整天的雨，也不知两个小鬼有没有披件厚外套出门。小郎鲜有机会单独带着两个屁事多多的顽童，今天怕是要撑过一整天，真是为他捏把汗，粗枝大叶的，到底能不能把宝贝们照顾周全。

我睡了又醒，一时恍惚，一时真切，听到家具和水管的响动，我伸缩一下手指，竟忽然觉出新奇来，好像第一次知道它们会动似的。

一个钟头的工夫，我被锁孔里咔嚓转动的声音吵醒。

“我和妹妹都带着自行车，中午我们也在外面吃吧爸爸，烤肉好不好？让我负责给你们烤。”三人小分队麦当劳归来，叮里咣当的，老虎开始安排下一步的工作了。猜也猜得出小郎会有多纵容他们，一定把那些油炸小食点了个遍。

“嗯嗯，好，你们先去看看妈妈好点了没。”

卧房的门被推开，茉莉悄悄地蹭到床头，摸摸我的脸，“妈妈，我回来了。”奶声奶气的问候飘进耳朵，妈妈的疼痛瞬时减缓了大半。“你好些没？我给你买好吃的啦。”她把粉团一样的小脸凑过来，在我的额头上实实地亲了一下。

“妈妈，你就躺着吧，我们要去公园了，下午再回来。”老虎忽然靠在门口发话，嗓门扯得老大，声音里是难掩的兴奋，没一点打算过来安慰妈妈的意思。平日四口一起出门，我总要时刻监管他们俩饮料和甜点的事，今天终于有机会甩开妈妈，看来，他这是要确保此行万无一失啊。

“嗯，好，你们乖乖听爸爸话。”唉，就知道儿子养了也是白养，脑子里的小鼓敲得更紧了。

又听到他们在各个房间出出进进，老虎卖力张罗着，先是要过爸爸的手机说要看看空气质量，又吩咐小郎带上他和妹妹的餐具。茉莉说要尿尿，转个身又说要吃芒果，小郎就在小鬼们一声声的“爸爸”“爸爸”中间左奔右突，忙不迭地回应他们“等一下”……

“砰！”大门终于被关上了，锣鼓队转场了，宁静与黑暗重又归还于我。我忍不住点开手机，微信里嘱咐小郎不要给他们买冷饮，记得提醒茉莉去厕所，若玩出汗了千万别站到风里，午饭后安排他们回车里睡一小觉，啰嗦完毕，握着手机又昏昏睡去了。梦里依稀美景如画，我似乎坐在一栋小木屋的门口，星空之下，无数船只闪着白光在海面疾驰，忽然一列绚丽的火车从深远的夜空中呼啸而来，划一道电光弧线，嗖地从眼前驶过，车里面张灯结彩，歌舞升平。

我睡了不知多久，忽然被手机里接连的提示音震醒，是小郎传了宝贝们的照片过来。茉莉背着小熊书包大步流星，老虎耍酷单手脱了车把，他们这是在什么鬼地方？怎么不像平时常去的那个公园？小屁孩们对着镜头拥抱，老虎握着夹子烤牛肉，茉莉捧着小碗喝南瓜粥，三人聚成一小堆摆鬼脸，嗯，小郎至少没让他们饿着。我在昏暗中眯起一只眼睛，两个指尖在屏幕上捏来捏去，想看清楚孩子们有没有被冻出鼻涕，衣服是不是已经脏兮兮，桌上到底点了碳酸饮料没有，还好，看上去还好。一阵恶心的感觉涌上来，我赶紧关掉屏幕，扭头又闭起眼睛。

傍晚时分，眩晕的感觉渐渐消退，我缓慢坐起来，听了听，屋子里依旧没有人。我推开卧室的门走出来，落日余晖所剩无几，枕头上躺了一整天，此时起床更衣，好像错过了什么似的。客厅像被打劫了一样，连拖鞋都甩上了茶几。我喝下一杯温水，又嚼了两片面包，感觉身上有了些气力，立时拿起电话拨给小郎问他们人在哪里。

半小时后，三人组叫嚷着敲门了，茉莉和老虎跟两个小叫花子似的，恨不能一整天的吃食残渣都挂在嘴巴上。老虎裤腿一高一低，衬衫的扣子也掉了一颗，茉莉顶着个鸡窝头，发卡耷拉在耳朵上面。我蹲下来挨个和他们亲亲抱抱，两个小鬼嘴巴里和脸蛋上还留着巧克力的香甜气，一闻便知。小郎一猛子扎到沙发上，好像载誉归来，嘴上叹着气，眼里却闪着得意。

“怎么样？一拖二，比上班还累吧！”我递了杯水给他。

“不累不累，好玩着呢！”说完，坐起身一口气咕咚咕咚灌下一整杯。

茉莉踮起脚尖去够桌上的打包盒，“妈妈，你快吃吧。”我解开塑料袋，一盒素包子，一盒小米粥，胃里空了一整天，呕得不想吃东西，这会儿真觉得饿了。两只小鬼瞧见又有的吃，都爬上餐椅围了过来。我又如往日一般叫嚷着让他们先去洗手、换衣服，一把拽过茉莉，把小辫子重新扎起来。

“好些了吧？趁热吃，儿子特意帮你点的。”小郎看我重又扯起嗓门，便觉出家里已然回归到“秩序井然”的节奏，于是，他简单收拾两下客厅，便趿拉着拖鞋溜进书房查邮件去了。

临睡前，讲完故事，照例关了灯陪两个宝贝闲聊两句，他们争抢着揭秘今天和爸爸一起都吃了啥。“冷面！”“酸梅汤！”“北冰洋！”“两个球！我的香草味，茉莉是蓝莓味。”“香蕉派！”“蛋糕！”

我越听越气。

“星巴克！”老虎又添了一样。

“什么？还领你俩喝咖啡了？”

“不是，他自己喝了一大杯，冰的，我和妹妹坐在旁边等他。”

“哦，这还差不多。”

“我们一边吃棒棒糖一边等他。”

“棒棒……”我已经在黑暗中龇牙咧嘴，酝酿着一会儿怎么去找小郎算账，“睡觉！不聊了！”

“妈妈，你明天还能生病吗？”老虎翻了个身又补上一刀。

“想得美！明天都给我在家打扫卫生，哪儿都不许去！”

看来，逃离了我的监管和调控，他们爷儿仨还真是“海阔凭鱼跃，天高任鸟飞”啊。一整天下来，不但没出状况，还收获了满满的幸福感。这么说，算账之余，还真得重新琢磨一下爸爸带娃这件事呢。

谁承想，我的表彰和授权还没开始，第二天，爸爸带娃的“后遗症”便开始显露了，午后，茉莉开始咳嗽，老虎也抹起了鼻涕，我揪着他们灌下一杯又一杯的白开水，祈祷着不要发烧不要发烧。小郎终于肯老实交代：“骑车时，好……好像是出汗来着，我就把外套给他们脱了，风……可能是有风吧当时，唉。”“那蛋糕也没那么甜吧，他们俩特开心，真的，我想那就干脆一人一块呗，怕打架嘛。”“北冰洋真不是冰的，天地良心啊媳妇儿……”

周一从幼儿园回到家，两个小鬼对坐着搭积木，开始不自觉地嘀咕起来。

“爸爸怎么还不下班？我想和他去骑车。”老虎噘起嘴巴。

“让爸爸举高高！”茉莉跟着唱和。

“爸爸出差了呀，明晚才能回来。”我端来一盘水果，和他们坐到一起。

“妹妹，你记得凉亭旁边的那个大斜坡吗？想起来没？那天我嗖一下，从上面飞下来，哈哈哈！”

“那个大坡，你都摔倒了，哈哈。”

“摔倒我也没哭。好想再和爸爸出去玩啊！”

“什么大斜坡，爸爸周六不是领你们去公园了吗？”我忍不住打断老虎，心里冒出一阵冷汗。

“爸爸说公园没意思，他领我们去爬山了，那山，我的天，比白云还高呢。”老虎站起来，手举过头顶。

“爸爸还爬树呢。”茉莉得意地打起小报告。

“爸爸把球踢到树上去了，他像猴子一样，哈哈哈。”兄妹两人笑成一团，手脚并用，轮番比画着。

我忽然想起某次和朋友家一起去郊游，途经一片野地，立着几座小荒山，隐约有一条窄窄的自行车道盘旋其间，他停车看了又看……

其后的几天里，两只小鬼动不动就搬出两句“爸爸语录”来碾压我的权威。

我说："妈妈忘记买番茄酱了，咱们明天再做意面吧。"

老虎瞪起眼睛，"妈妈，你要'说到做到，一诺千金'！"

"哦哦，千金千金，我明天就买酱。"一诺千金，好耳熟的短句。

我说："《海底小纵队》看了这么多遍，咱们换个动画片吧。"

茉莉抢过遥控，小大人一般皱起眉头，"妈妈，这不关你的事。"

"哦，你的事，你想看哪个看哪个。"我挠挠脑袋走开了。

单独待了一天而已，兄妹俩已然一副"小小郎"的嘴脸。不试不知道，看来爸爸的确有自己很男性化的一套育儿本事呢，在孩子们这里还真的很受用啊。或许那是一种更有力量感、更讲原则性、更富有冒险精神的正面影响吧。一定要优势互补，万万不能埋没了爸爸带娃的才华啊，嗯，得定期给他创造独立自由的空间让他得以施展，嘿嘿。

我在心里偷笑，打开冰箱拧开一瓶冰水，咕咚咕咚灌进肚子，"呼！"OK，终于想通了，原来我要做的，就是潇洒放手"撵他们出门"那么简单。好吧，既然如此，这个周末，妈妈决意再病倒一次。

回想他们父子二人过去一年里的鼓鼓捣捣，我似乎慢慢理解到，爸爸只是用自己力所能及的方式，对儿子表达一份真挚的爱与成全吧。

父与子的男子汉练习

清明，一场春雨过后，风暖杏花开，憋了一冬的兄妹俩终于可以甩掉厚重的外套，去草地里撒欢儿奔跑了。这一年的春天，刚满四岁的老虎忽然喜欢上了足球，正中小郎的心思。

某天，老虎从幼儿园回来，进门便问:“妈妈，我的奶昔到了吗？”

“奶昔？！”又不是周末，哪里来的甜品份额？

“踢球的，比萨队，10号！”老虎急得原地转圈，“爸爸给我买了他的衣服。”

“还有比萨队？……你是说，梅——西——吗？”妈妈是个球盲，除了小贝和C罗，能叫得出名字的巨星连一支球队都凑不齐。

“啊！梅西梅西！”老虎也转过弯了。

“送来了送来了，妈给你找。”鞋柜上攒了一堆包裹，足球、球鞋、球袜、护腿板……“在这里！”我翻出一套山寨版迷你巴萨队服，后背果然印着Messi。

老虎眼里闪出一道光，火速把自己脱了个精光，“妈妈，我现在就要穿上！”

我摇摇头，一把扯掉领口的商标，“哼，比萨队，还韭菜合子队呢！”

装备齐全后，周末到了，顶着午后三点的骄阳，二把刀教练领着小“奶昔”出门训练了，一个小时之后，爷儿俩晒得像两颗烤红薯，一人手上举一根雪糕，晃荡着进门了，小“奶昔”满身臭汗仍不肯脱掉队服。晚饭后，小郎在电脑上搜出梅西的射门集锦，爷儿俩跟着high起来，反复回放，频频叫好。

如此踢了七八回吧，从立夏踢到大暑，球技不知长了多少，胳膊却晒得明显加了两档色号。小郎的兴致越踢越高，竟开始悄悄筹划送老虎进足球学校的事了。可偏偏费力不讨好，不知是爸爸的训练强度搞得过大，让儿子失了趣味，还是小孩子的热情本就难以持续，总之，老虎似乎没那么来劲了，每次踢个三两脚，便开始惦记小卖店里雪糕的口味了。

又逢一个周末，小郎换好球鞋，兴致勃勃地准备出门，老虎却说什么都不肯踢了，身子拧在桌前，懒懒地捏着橡皮泥。爸爸也知道勉强不得，丧气归丧气，甩掉球鞋回屋，也没多言语。我提醒他儿子还小，需要给他空间和时间，不可用力过猛、急于求成，再说“你狮子座，他白羊座，本来就针尖对麦芒，谁也拗不过谁，你也知道白羊就是很自我……”不提星座还好，见我又掰扯这些有的没的，老狮子鼻里“哼哧”一声，扭头就走开了。

七月流火，酷热逐渐消减，泄泄沓沓瞎晃了一阵子，充满活力的小羊羔似乎重新找到了玩耍的兴趣点——拼乐高！

父随子意，老狮子的热情再次被点燃，儿子一声召唤，爸爸火速下单，没几天，快递小哥又开始频频上门了。

一开始，爷儿俩拼得津津有味，老虎自己动手，小郎在一旁纠错指导。大概见老虎动手能力蛮强，小郎逐渐开始升级，先是给他买 5—6 岁组的，而后越买越复杂，7—12 岁组的直升机，8—14 岁组的超级赛车，12—16 岁组的房车，一盒大过一盒！

我心下不免疑惑，四岁的老虎怎么可能拼得出那么复杂的结构！“儿子，这些都是你拼的？”我忍不住发问。“对啊……”老虎从身前飘过，轻描淡写。

连着好多个夜晚，爷儿俩吃过晚饭便钻进房间关起门，誓要拼个痛快！老虎故作神秘，搞得跟研发导弹似的，严格控制我和茉莉的进出，想给他们送盘水果，结果几次被堵在门口，又是对暗号又是“刷卡”……

直到某天深夜，我爬起来去厕所，书房的灯还亮着，房门虚掩，我凑过去偷偷一瞧，登时肝火上冲。只见桌上摆着一艘即将完工的潜水艇，小郎正眉头紧锁，“老虎，给爸爸找这个，横条，六个点，灰色，一共四根，快！”他用指尖敲敲说明书上的某处，接着把手上的小零件插进潜艇尾翼。“Yes，sir！”老虎听命即刻行动，在一盒子小部件里哗哗哗地翻腾起来，嘴里已扛不住打起了哈欠。“再坚持一下，爸爸马上就成功了！”

原来这见天儿地拉着老虎熬夜，竟是要儿子给他做助理！小郎大概觉出气味不对，猛一抬眼，见披头散发的悍妇正叉腰站在门口，似要连锅端掉他们爷儿俩的窝点，“媳……媳妇儿，那个……”

此后，家里的门铃再也不乱响了。被我掐断了新品供应，爷儿俩只好反复玩之前的存货，拆了重拼，拼好再拆，小羊羔倒也乐在其中……

秋风起，夜夜新凉，趁他们都睡下，我把一家人的衣柜挨个收拾一番，兄妹俩长得快，上一年的秋装如今还能上身的已不剩几件了。看看时间尚早，便想着顺手帮他们爷儿俩把那些乐高盒子重新归置一下，“天哪，瞧这柜子里一排排的飞机坦克挖土机啊！”我不禁哼出一声苦笑。想来，这头老狮子的童年缺失，补了这么久，也该补得差不多了吧。

寒露将至，家里的那盆金背大红菊花已悄然盛开。又逢周末，午睡醒来，老虎说想去楼下骑自行车，小郎说好。于是，父子两人各自推出自己的单车，等电梯的空当，小郎忽然说：“儿子，咱们把车后面那两个小轮子卸掉吧，骑两个轮的，敢不敢？”

“不要不要！”老虎一口回绝，显然心理上还没做好准备。

“爸爸保护你，试一试！骑两个轮子很酷哦，速度超快，怎么样？相信自己！”小郎握紧拳头，在自己胸前敲了两下，以示鼓励。

“不要！我就骑四个轮子！”老虎瞥一眼爸爸的车子，嘴上还是不肯松口。

“好吧，只有特别勇敢的小孩才敢这么做，不勉强你了。”小郎吹起口哨，没事人一般，到了楼下，一踩脚蹬，自己嗖一下就蹿出去了，头也没回。老虎又急又气，跨上车座，小腿噌噌转起来，铆足了劲儿奔向小郎消失的方向。我推着茉莉跟在后面，忍不住偷笑，想不到老狮子还有自己的套路。

我和茉莉走到沙坑边上停下来，从推车里掏出她视如珍宝的家当——铲子、耙子、塑料桶。小女孩冲进沙场，一桶还没装满，小郎和老虎已从远处骑过来，老虎不想休息，冲我按了下车铃，径直从沙坑前方骑过了。接连骑了三大圈，爷儿俩总算在沙坑边停住了，我递上水壶，老虎咕咚咕咚喝下半壶。

“爸爸，你把小轮卸了。”老虎扣上水壶盖子，突然扭头看向小郎。哟，勇气说来就来啊！敢接受挑战了？我和小郎互换一下眼色。

“想好了？等着！”爸爸故作镇静地站起身，从裤兜里翻出个小扳手，三两下卸掉了小轮子，看来是早有准备了。

“喏，上来，爸爸在后面扶着你。”

老虎扶了扶头盔，咬着下嘴唇，跨上车子，“不许松手！爸爸！绝对不可以！”

“放心放心！绝不松手！你抬头看前方，眼睛别盯着地面。来，走！”小郎弯腰扶着老虎的车座，两人七扭八拐地又上路了。“到底行不行啊，可别摔得太惨啊。”我忍不住小声嘀咕，为老虎捏把汗。

茉莉继续在沙坑里酣战，她只会挖出沙子装进小桶，满了便倒出来一铲一铲地重新装，见我做好蛋糕砌完城堡，她便笑嘻嘻地过来捣毁。远处突然传来“砰”的一声，“哥哥”，茉莉莫名抬起头看我，“哪儿？”我不明就里。

约莫过了一刻钟，手机忽然响了，“快，录像录像！老虎马上要骑过去了，快！”我紧忙把手机调至视频模式，对着他们即将归来的方向举起来，激动地等待着。

五秒钟后，远远地，老虎的身影出现了，他骑在单车上独自从一条小径闪进画面。这小不点竟然成功了！小郎跟在后面不远处喊着加油。骑得近了，他紧绷的小脸逐渐清晰，鼻翼微张着，嘴唇抿得死死。车把不时左右摇晃，他皱着眉头死命控制。眼看骑到我身旁了，老虎使劲儿捏一把手闸，双脚踩住地面，即刻笑开了花，“妈妈，我会骑两轮的了！耶！”“老虎真棒！”我拥上前在他的小脑门上亲了一口。小郎跟上来，一旁喘着粗气，好像长剧情的游戏终于被他打了通关。

“刚才我撞翻了一个垃圾桶，妈妈，还撞了一回大树，哈哈哈，你都没看见，太好笑了！”他竟撞得如此豁达。

很快，家里的门铃又开始“哔哔”响起来，码表、车前包、手电筒灯夹、LED 前灯、水壶架、单车悬挂架……一周后，老虎 12 寸的小车被装配一新，周六一早，父子二人便兴致勃勃地出发去郊外骑行了。小郎从前一直盼着，有一天他能和老虎两人骑着山地车，穿城跨市，翻山越岭，体验运动带来的兴奋刺激和让男人们迷恋的力量感。如今总算迈出了第一步，老狮子磨刀霍霍，把两个车身擦得锃亮。

接连几个周六，他们父子俩都要单车出行一整天，午饭停在路边吃一口三明治，晚饭去馆子里撮一顿，直玩到天黑透了才肯回来，老虎脸上常挂着两道清鼻涕，人却志得意满，进了门便开始哇啦哇啦讲起一日的见闻。

立冬那天，刚好是个周日，小郎早早醒来对着地图研究线路，“同事推荐了一处崇明岛上的骑行圈，据说路平坡缓，我今天可以领老虎去一趟呢。”“行啊，那你们晚上回来吃，咱包饺子。”正聊着，听到卧室有一点动静，小郎立即兴冲冲地跑进去，躺到老虎身边讲起今日的出行计划。我从门外瞄着，只见老虎翻了个身，眼睛睁开又闭上，“爸爸，好累啊，我今天就想待在家，哪儿也不去了。”老狮子几番撺掇，见儿子仍旧无动于衷，只好叹口气，灰头土脸地出来了。新手小骑士对于飞驰的快感已经渐渐弱了，也是自然。

新年将至，街上渐渐热闹起来，上海湿冷的天气一次次勾起我们全家去吃火锅的冲动。某天傍晚，我们守着家人气爆棚的火锅店等位，俯身恰好看到商场一层正中的冰球训练场，一帮少年正挥舞着球杆跟着教练满场飞跑。老虎瞬间看入了迷，眼睛都舍不得眨。

小郎在一旁鼓捣手机，过了一会儿，忽然把屏幕转向我，“球鞋加护具，一套初级装备至少6000块。”“每年五万的总花销是最起码的。”“参加三天比赛总费用在4000块左右。”我边看边念叨着，那是一位冰球少年的爸爸在论坛里的分享，我狠狠瞪了小郎一眼。轮到我们就餐了，老虎恋恋不舍地转头，一路问爸爸他什么时候可以学冰球。

小郎趴在我耳边小声说：“明年要不要拼一下，让老虎试一试？”

“试个屁咧！拿命试啊！”我一眼也不想看他。

“唉，我也就随口一问。”

“问都不要问！点菜！”

“啧啧，又到日子了？今天才几号啊……”

我眼见他低头在老虎耳边说了几句悄悄话，老虎嘿嘿笑了。

小郎曾说，他从小就梦想开飞机，高三时踌躇满志地去报考飞行员，体检时信心十足，结果自己双眼1.5的视力仍没能顺利通过飞行员的C字表，无奈沮丧而返。后来去美国读书，偶然打听到考取美国私人飞机驾照的费用，虽然没有想象的那么夸张，但依然在我们的承受范围之外，飞行员的梦想又一次被迫放弃……

“等老娘将来赚了大钱，一定送你去学开飞机！”我记得自己当时颇为严肃，摸了摸小郎的头，仿佛看见成沓的美钞从眼前飘过，未来的自己已然成了那豪气冲天的霸道女总裁。

又是一年春来到，回想他们父子二人过去一年里的鼓鼓捣捣，我似乎慢慢地也能理解这头老狮子的心思了。也许,他并没有想太多，只是想用自己力所能及的方式，对膝下那只乖戾的小羊羔，表达一份真挚的爱与成全吧。

结语

未来请您多关照

景区里的观光车即将抵达大佛站点，司机师傅提醒准备下车的乘客带好随身物品。我从车里探出头，使劲儿朝上巴望，勉强看到大佛全貌。大佛高耸，端庄静穆，慈颜微笑，正于那高远处俯视众生。我粗粗目测，真的要抵达佛祖那里，还有两百多级的台阶要爬。司机师傅见我们犹豫，说："这里不下车也可以，下一站直达大佛脚下。"好吧，爬还是不爬，我们得自己选。

小郎仍在手机上忙着回复邮件，眼睛几乎不抬一下，皱着一副"事态严峻，别来吵我"的死眉头。"走，咱们爬上去。"我抱起茉莉，让老虎跟在身后下车。小郎见我起身，便知指令已下，赶忙跟着下车，嘴里反复念叨："稍等哈，爸爸马上就好，马上就好。"

一路开车过来，三个小时的车程，"爸爸"都是这副死样子。他坐在副驾驶上一会儿语音一会儿文字，不停地在协调和回复各种工作上的问题，时不时长叹口气。看样子是他主持的新项目遇到了某些阻力吧，大周末也不让人安生。老虎和茉莉早已习惯自驾出行，乖乖待在后面，绑在各自的安全座椅里玩贴纸、吃水果、听儿歌，阳光斜着照进来，老虎把自己的帽檐向下一压，晕乎乎的起了困意。茉莉大概也觉得无趣，镜子里望过去，见她小脑袋瓜歪向一边，眼皮一张一合，缓缓扑扇着。小郎对着手机偶尔忍不住骂娘，我狠狠冲他皱一下眉头，提醒他两个小鬼就坐在后面呢，他马上闭嘴，屁股动弹两下，重新调整一下坐姿。我也懒得再多和他讲话。

老虎下车站稳，看着远处的佛祖，嘴巴张得老大，“哇，妈妈，他怎么长这么高！这得喝多少牛奶啊！”他显然是被这壮观的场面震撼到了。茉莉也跟着“哇哇”叫了两声，两岁半的她爱极了爬楼梯，看到眼前有这么多级台阶可爬，我猜她一定兴奋极了。她嚷着要先吃口东西，“不然爬不动呢。”哥哥在一旁帮衬，摆出一副即将晕倒的模样。“嘿！这么爱演！喏，一人一个。”我从背包里掏出两个蛋黄派，两人迅即并肩站着吃起来，蛋糕屑粘了一嘴一身，他们丝毫不介意，两脚叉开着，仍旧一副潇潇洒洒的样子。

我仰望大佛，一阵晕眩，怎么会有点怕？我心里犯着嘀咕。过去的几年里倒是偶尔会翻一翻佛经，虽然只是调剂阅读之用，心头也常会被那些妙语击中。每到佛门胜地，也虔诚地跟着拜，拜儿女平安，拜父母健康，拜求生活不要平生波澜。

我们一家人都不是佛教徒，也没有任何其他的宗教信仰，选择到此一游，不过是我一时起了好奇心，看酒店恰好有折扣，三五分钟就订下了一间。小郎最近一年忙得昏天黑地，无暇操心这些，问他去哪里他都说“好”。出门时还赶上个大阴天，乌云密布，雨点好像随时都能砸下来，可门票和房费都已经付掉了，当然要出发。

“好啦，爸爸搞定了，咱们去爬台阶啦！”小郎终于把手机塞进皮夹克的里怀，堆起一脸的笑，很抱歉的样子。我别过头去，鼻子里忍不住“哼”了一声。每次出来玩都甩不掉工作,邮件大过天是吧，好好的心情都被你那“噗咚”“叮叮”“嗖”的各种手机提示音给扰乱了。

五岁的老虎爬起台阶来，丝毫不费力气，噌噌地往上蹿，我忽一抬头，他已经站到很远的一处缓步台靠着栏杆冲我们做鬼脸了。两岁半的茉莉坚持要自己往上走，且不准我们牵她的手。不知她哪里学来的姿势，两手掐着腰，笨笨地抬脚，棉靴买大了一个尺码，平白给小女生增添了好些阻力。我跟在后面，蹲下来给她拍照，取景框里看出去，佛祖高大威严，默默地做着背景，低头看着她这样一个小小的人儿，大佛 88 米高，小人儿 88 厘米高。她身上穿着爸爸新买的呢子外套，执拗地在台阶上独自卖力，搞不好随时要仰过去的样子。我站起身，心里竟有些难过，不知从哪里冒出一股“如梦幻泡影，如露亦如电”的苍凉感来。唉，他们还只是三五岁的臭屁娃，干吗那么神神叨叨的，我心下嘱咐自己不要乱发感慨。可是佛祖哦，我又怎能知道这漫长的人生路上两个宝贝会有怎样的境遇？未来还请您多多关照啊。

爬至大佛脚下，找了处人少的石阶让宝贝们坐下休息，我把水壶递给他们，两个小鬼额头已经微微出汗，喘着气，咕咚咕咚喝起来。老虎嚷着热，要摘帽脱衣，已近冬至，我担心他们被冷风吹到会着凉，只答应他可以把棉服的拉链打开一点，透透气就好。

休息的空当，小郎又掏出手机哇哇地讲起来，无外乎还是那些工作上的事，会议档期、人员协调、操作流程，blabla……片刻，我们起身顺着人流继续行进，他一边讲电话一边跟在我们身后，不时地依照我的手势，帮忙抱女儿，拎东西。排队排了一刻钟的工夫，我们前后拖拽着，终于抵达了大佛脚下的电梯口。

“妈妈，大佛的脚丫会不会很臭？”老虎童言无忌，在电梯间里一本正经地问起来，引得周围人偷笑。“小孩子不要乱讲啦。”我本能地担心冒犯，即便是慈悲为怀的佛祖，大概也不爱听到关于臭脚丫的讨论吧。“哈哈哈，很臭对不对！我就知道！”见我一脸尴尬，他故意放肆起来。“喏，给你一块饼干！”我把手伸进背包，还是尽快堵住小屁孩儿的嘴巴为好。

这么冷的天，来抱佛脚的游人和信众一点都不少，我们挤在其中也想着去沾沾福气。我本就恐高，大佛的莲花座基已在半空之中，站在佛脚一旁仰望，竟要把身子向后弯倒许多才看得到佛祖的眉目，一种威慑感从头顶压下来，我仿佛听到脑子里“轰”的一声。沿着指引路线在大佛的脚趾下绕过大半个圈，我引着他们匆匆下行，不停地提醒着宝贝们注意台阶，下坡路上踩空才真的是好恐怖的事。

“妈妈，我想要那个小熊！”孩子的兴趣点永远聚焦在那些你觉得不起眼的小地方上，比如景区里的观光车、检票口的闸机、自助餐上的冷饮，还有这纪念品商店里毫无质感的毛绒玩具。他们才不在乎这建筑宫殿里金碧辉煌的装饰有怎样的来头，释迦牟尼的生命故事多么充满传奇……呵，他们那小脑袋瓜里大概只装得下吃喝玩乐吧，倒是身心无垢，清清凉凉呢。

原路返回时，看得出老虎和茉莉都没有继续游览的念头了。“妈妈，我想睡觉了。”茉莉揉着眼睛。“妈妈，我想回酒店游泳。”老虎等着我的答复。总之他们是不想在景区里待下去了。小郎的脑子里料想还掰扯着工作上的事，自然也盼着早点结束行程，只是不好开口罢了。我看着地图上尚未打钩的那些景点，“好吧，我们走吧。”这宗教世界里的塔庙殿堂僧舍，本也不是宝贝们的游乐场，我在心头自我安慰着，来日方长，下次再说吧。

开回酒店的路上，刚刚还活蹦乱跳猴子一样的两个小鬼，这会儿已经呼呼睡着了。小郎开着车，许久没有电话响声，总算清静些了。憋了一整天，大雨终于下起来了，我呆呆望着窗外，也没什么心思。这时一只大手伸过来，把我的手握进他的手里，“XX 那个项目太坑人了，后期一堆问题，好烦……都没有时间好好和你说会儿话……”

“嗯……没事。”我把头别向窗外，“晚上想吃什么？找家四川火锅？”

“嘿嘿，好啊，想了好久了，一直没时间。”

“要重辣，毛肚、黄喉、鹅肠、竹笋、藕片……”我不自觉地念叨起来。

“又来了你……”小郎笑着摇起头来。

佛曰：缘来则去，缘聚则散，缘起则生，缘落则灭。

佛曰：刹那便是永恒。

佛祖的话，我其实读不大懂，只是内心笃定，凡当下拥有的，都该加倍珍惜，哪怕只是缺憾之旅尾声处的一顿川味火锅呢。

FONGHONG
凤凰联动出品